内蒙古自治区
可再生能源发展报告

2020

RENEWABLE ENERGY DEVELOPMENT REPORT
OF INNER MONGOLIA AUTONOMOUS REGION

内蒙古自治区能源局
水电水利规划设计总院　编

U0283546

中国水利水电出版社
www.waterpub.com.cn

·北京·

图书在版编目（ＣＩＰ）数据

内蒙古自治区可再生能源发展报告. 2020 / 内蒙古
自治区能源局，水电水利规划设计总院编. -- 北京 ：中
国水利水电出版社，2021.9
ISBN 978-7-5170-9981-9

Ⅰ．①内… Ⅱ．①内… ②水… Ⅲ．①再生能源－能
源发展－研究报告－内蒙古－2020 Ⅳ．①F426.2

中国版本图书馆CIP数据核字(2021)第193948号

书　　名	**内蒙古自治区可再生能源发展报告 2020** NEIMENGGU ZIZHIQU KEZAISHENG NENGYUAN FAZHAN BAOGAO 2020	
作　　者	内蒙古自治区能源局　　水电水利规划设计总院　编	
出版发行	中国水利水电出版社	
	（北京市海淀区玉渊潭南路 1 号 D 座　　100038）	
	网址：www. waterpub. com. cn	
	E - mail：sales@ waterpub. com. cn	
	电话：(010) 68367658（营销中心）	
经　　售	北京科水图书销售中心（零售）	
	电话：(010) 88383994、63202643、68545874	
	全国各地新华书店和相关出版物销售网点	
排　　版	中国水利水电出版社微机排版中心	
印　　刷	天津嘉恒印务有限公司	
规　　格	210mm×285mm　16 开本　5.25 印张　123 千字	
版　　次	2021 年 9 月第 1 版　2021 年 9 月第 1 次印刷	
定　　价	**198.00 元**	

凡购买我社图书，如有缺页、倒页、脱页的，本社营销中心负责调换

编 委 会

前言

　　能源是国民经济和社会发展的重要基础，党的十九大报告提出，推进绿色发展，壮大节能环保产业、清洁生产产业、清洁能源产业，推进能源生产和消费革命，构建清洁低碳、安全高效的能源体系。中国将提高国家自主贡献力度，采取更加有力的政策和措施，力争 2030 年前二氧化碳排放达到峰值，努力争取 2060 年前实现碳中和。

　　"十三五"时期是全面建成小康社会的决胜阶段，也是内蒙古自治区发展进程中具有重要历史意义的五年。"十三五"期间，内蒙古自治区深入推进"四个革命、一个合作"能源安全新战略，深入贯彻落实创新、协调、绿色、开放、共享的发展理念，加快构建清洁低碳、安全高效的能源体系，积极探索以生态优先、绿色发展为导向的高质量发展新路子，扎实推动全自治区现代能源经济发展。"十三五"时期，全自治区风电、光伏发电等新能源实现了跨越式发展，新能源以最好的资源条件、最大的装机规模成为全国新能源发展的主战场，一批可再生能源重大工程项目稳步推进，为能源领域稳投资、促发展发挥了关键作用。

　　1989 年，内蒙古自治区第一个风电场并网，标志着我国风电开发进入了商业运行的阶段；2008 年，内蒙古自治区第一个光伏项目并网。"十三五"以来，内蒙古自治区可再生能源发展规模显著提升，目前已形成以风电、光伏为主，水电和生物质发电为补充的多元化发展格局。截至 2020 年年底，全自治区风电累计装机容量 3786 万 kW，占全国风电累计装机容量的 13.45%，持续多年位居全国第 1 位；太阳能发电累计装机容量 1237 万 kW，占全国太阳能发电累计装机容量的 4.88%，居全国第 9 位，全自治区风电、太阳能发电装机总量占全国风电、太阳能装机容量的 9.39%。能源结构更加清洁，可再生能源装机占比达到 36.2%，可再生能源发电量占比为 17.2%，风电、光伏平均利用小时数稳步提高，电力消纳形势持续向好。可再生能源发展的基础设施保障更加有力，5 条特高压电力外送通道建成投产，外送能力位居全国首位。"生态优先、绿色发展"模式得以实践，以"光伏＋生态治理"为特色的库布齐沙漠治理获得联合国环境奖。新能源开发利用与脱贫攻坚有机结合的模式成效显著，建设光伏扶贫电站超过 165 万 kW，覆盖全自治区 11 个盟（市），超过 2300 个建档立卡贫困嘎查（村），惠及 15 万余户建档立卡贫困户，吸纳贫困人口就地就近就业超 3 万人。

《内蒙古自治区可再生能源发展报告 2020》由内蒙古自治区能源局和水电水利规划设计总院联合编写，全面总结了内蒙古自治区可再生能源发展成就，对标全国，分析研判未来发展趋势，为内蒙古自治区可再生能源"十四五"规划提出了切实可行的发展建议，增强了"十四五"可再生能源发展工作的指导性。在报告编写过程中，得到各盟（市）能源主管部门、相关企业、有关机构的大力支持和指导，在此谨致衷心感谢。

内蒙古自治区能源局

水电水利规划设计总院

2021 年 7 月

目录
Contents

1 发展综述

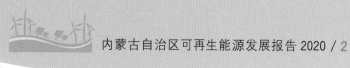

　　2020 年，内蒙古自治区现代能源经济发展取得新进展新成效，全自治区坚持以生态优先、绿色发展为导向，可再生能源发展步伐加快，为保障新冠肺炎疫情冲击下的能源市场供应稳定、促进内蒙古自治区经济社会发展作出了重要贡献。 2020 年，内蒙古自治区持续加强能源生产供应，作为国家重要能源和战略资源基地的地位进一步巩固，能源作为内蒙古自治区当家产业的地位进一步提升。 能源保障能力持续加强，煤炭总产能占全国总产能的 1/4，电力总装机容量居全国第 2 位，其中火电装机容量居全国第 4 位，风电装机容量持续多年居全国第 1 位，太阳能发电装机容量居全国第 9 位，各类电源全口径总发电量居全国第 1 位，全社会用电量居全国第 6 位。 2020 年，自治区能源结构更趋清洁，可再生能源发电并网装机容量占全区电力总装机容量的 36.2%，全年可再生能源发电量占总发电量的 17.2%。

1.1　2020 年可再生能源发电装机容量

　　截至 2020 年年底，内蒙古自治区各类电源总装机容量 14650 万 kW，同比增长 12.3%。 其中火电装机容量 9354 万 kW，同比增长 7.5%；可再生能源发电装机容量 5296 万 kW，同比增长 21.8%，增速较 2019 年（6.8%）大幅提升。 2020 年可再生能源装机容量占全部电力装机容量的 36.2%，比 2019 年提高 2.83 个百分点。 可再生能源装机中，水电装机容量 242 万 kW（含抽水蓄能 120 万 kW），与 2019 年基本持平；风电装机容量 3786 万 kW，同比增长 25.9%；太阳能发电装机容量 1237 万 kW，同比增长 14.5%；生物质发电装机容量 31 万 kW，同比增长 40.9%。 各类电源装机容量变化及占比见表 1.1 和图 1.1~图 1.2。

表 1.1	2020 年和 2019 年各类电源累计装机容量		
电源类型	装机容量/万 kW		同比增长 / %
	2020 年	2019 年	
总装机容量	14650	13048	12.3
可再生能源发电	5296	4348	21.8

电源类型	装机容量/万 kW		同比增长 /%
	2020 年	2019 年	
风电	3786	3007	25.9
太阳能发电	1237	1080	14.5
水电	242	239	1.3
其中：抽水蓄能	120	120	0
生物质发电	31	22	40.9
火电	9354	8700	7.5

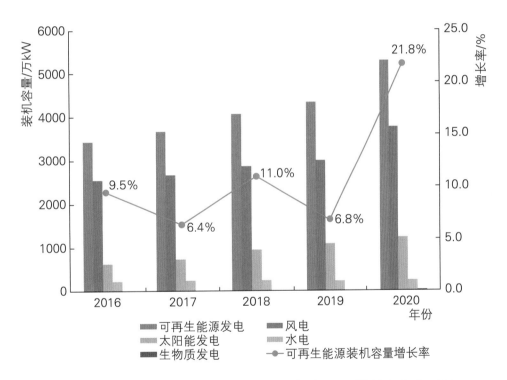

图 1.1 2016—2020 年可再生能源装机容量及增长率变化对比

截至 2020 年年底，全自治区 6000kW 及以上各类电源发电装机容量 14584 万 kW，其中火电装机容量 9354 万 kW，水电 238 万 kW，风电装机容量 3785 万 kW，太阳能发电装机容量 1176 万 kW，生物质发电装机容量 31 万 kW。截至 2020 年年底，全自治区 6000kW 以下各类电源发电装机容量约 66 万 kW。

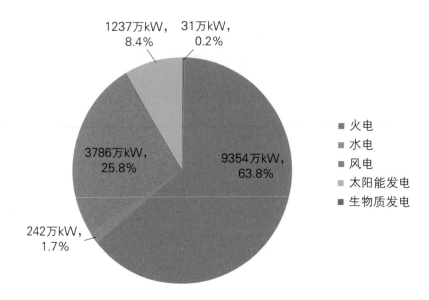

图 1.2　内蒙古自治区 2020 年各类电源装机容量及占比

1.2　2020 年可再生能源发电量

2020 年，内蒙古自治区各类电源全口径总发电量 5700 亿 kW·h，同比增长 4.5%，其中火电发电量 4717 亿 kW·h，可再生能源发电量 983 亿 kW·h，占全部发电量的 17.2%，可再生能源年发电量相比 2019 年增长 9.7%，增速与 2019 年（9.9%）基本持平。可再生能源发电量中，水电发电量 57.4 亿 kW·h，风电发电量 726.3 亿 kW·h，太阳能发电量 188.2 亿 kW·h，生物质发电量 10.8 亿 kW·h。各类电源发电量变化及占比见表 1.2 和图 1.3～图 1.4。

表 1.2	2020 年与 2019 年各类电源发电量一览表		
电源类型	发电量/(亿 kW·h)		同比增长 /%
	2020 年	2019 年	
总发电量	5700	5452	4.5
可再生能源发电	983	896	9.7
风电	726.3	666	9.1

续表

电源类型	发电量/(亿 kW·h)		同比增长/%
	2020 年	2019 年	
太阳能发电	188.2	163.5	15.1
水电	57.4	58.1	−1.2
生物质发电	10.8	8.2	31.7
火电	4717	4556	3.5

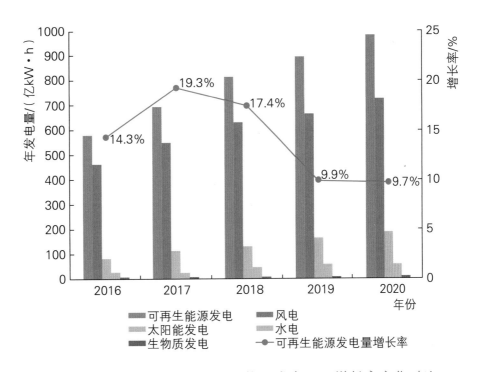

图 1.3　2016—2020 年可再生能源发电量及增长率变化对比

2020 年，全区 6000kW 及以上各类电源总发电量 5691 亿 kW·h，同比增长 45%，其中火电发电量 4716 亿 kW·h，可再生能源发电量 974.3 亿 kW·h，占全部发电量的 17.1%。可再生能源发电量中，水电发电量 57.2 亿 kW·h，风电发电量 726.1 亿 kW·h，太阳能发电量 180.2 亿 kW·h，生物质发电量 10.8 亿 kW·h。

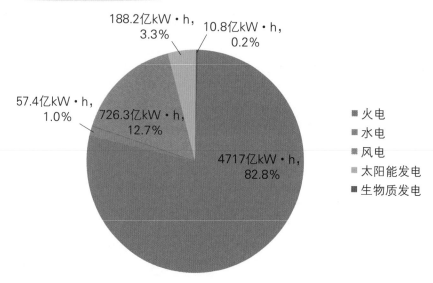

图 1.4 内蒙古自治区 2020 年各类电源年发电量及占比

1.3 地热能等可再生能源发展概况

内蒙古自治区地热资源丰富，地热资源勘查逐步加强，但开发利用还处于初级阶段。在浅层地热开发利用方面，截至 2020 年年底，全自治区以供暖（制冷）为主要利用方式；浅层地热开发利用总面积约 650 万 m²，实现传统化石能源替代 29.8 万 t，二氧化碳减排量 22.5 万 t，但浅层地热规模的年均增长速度较慢。在中深层水热型地热开发利用方面，隆起山地型地热资源目前已得到开发利用，阿尔山温泉、克什克腾旗热水塘温泉、宁城县热水温泉、敖汉温泉及凉城岱海温泉均以康养、洗浴、度假旅游方式开展了开发利用，日接待能力超过 15000 人·次，供暖面积 100 万 m²。全自治区沉积盆地型地热资源开发利用局限于呼和浩特市土默特左旗、鄂尔多斯市杭锦旗等地，利用石油勘探井、地热勘查井开展旅游度假等开发。近年来，呼包平原、临河盆地、鄂尔多斯盆地在地热地质勘查工作中施工的地热勘查井及企业、个人投资施工的地热开采井 30 余眼，大部分具备开发利用条件，但后续引导、跟进滞后，开发利用亟待提高。

在生物质非电利用方面，生物天然气发展刚刚起步，目前全自治区生物质制气项目仅 1 处，生物天然气项目总产气规模达到 1000 万 m³/a。热电联产是目前主要的生物质供热方式，全自治区利用生物质热电联产项目，已实现近 258 万 m² 的清洁取暖。

2 发展形势

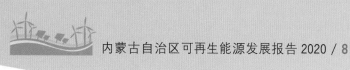

2.1 世界可再生能源发展形势

近年来，随着保障能源安全、保护生态环境、应对气候变化等问题得到世界各国政府的高度重视，世界各国都在积极探索未来能源转型发展路线，加快开发利用可再生能源已成为世界各国的普遍共识和一致行动。成本下降和政策支持持续推动可再生能源强劲增长。尽管新冠肺炎疫情带来了挑战，但可再生能源扩张的基本局面并没有改变。当今大多数国家中，太阳能光伏发电和陆上风电已成为新增电源的最廉价选择。在拥有良好资源和廉价融资的国家，风电和太阳能光伏发电将对现有的化石燃料电厂构成挑战。太阳能发电项目目前已能提供部分有史以来成本最低的电力供应。总体而言，2021—2025 年，可再生能源装机容量增量将占到全球总发电装机容量净增长的 95%。

2020 年，在中国和美国的推动下，全球可再生能源净装机容量增长近 4%，接近 2 亿 kW。2020 年，风电和水电装机容量增量几乎占到全球新增发电总装机容量的 90%，带动全球可再生能源装机容量增量刷新纪录。太阳能光伏发电装机容量增长保持平稳。2020 年，中国和美国的风电与太阳能光伏发电累计装机容量相对于 2019 年实现 20% 以上的跳跃式增长，其中中国增长接近 30%。

2.2 中国可再生能源发展整体形势

为应对依旧严峻的国家能源安全保障形势和依旧突出的环境污染问题，以及日益增大的气候变化压力，国家提出推进能源生产和消费革命，构建清洁低碳、安全高效的能源体系，实施能源绿色发展战略，推动清洁能源成为能源增量主体。大力发展水能、风能、太阳能等可再生能源，构建高比例可再生能源体系是构建现代能源体系的重要路径，是优化能源结构、保障能源安全、推进生态文明建设的重要举措。

中国在联合国大会和气候雄心峰会上庄严上宣布，中国将提高国家自主贡献力度，采取更加有力的政策和措施，力争 2030 年前二氧化碳排放达到峰值，努力争取 2060 年前实现碳中和。到 2030 年，中国单位国内生产总值二氧化碳排放将比 2005 年下降 65% 以上，非化石能源占一次能源消费比重将达到 25% 左右，森林蓄积量将比 2005 年增加 60 亿 m³，风电、太阳能发电总装机容量将达到 12 亿 kW 以上。 上述目标充分体现了我国应对气候变化的力度，彰显了中国积极应对气候变化、走绿色低碳发展道路的坚定决心。

综合来看，伴随着中国能源生产和消费革命的加快推进，能源生产质量将逐步提高，能源消费基本保持稳定增长态势。 消费结构方面，可再生能源消费占比不断提升，在逐渐成为能源消费增量主体的同时，逐步走向存量替代。 可再生能源生产方面，常规水电和抽水蓄能仍有较大的发展潜力和发展空间；随着技术进步、成本下降和系统灵活性提升，新能源逐渐成为可再生能源电力的增量主体，但总体来看，新能源发电量在全国总发电量中的占比仍低于世界平均水平。

2.3 内蒙古自治区可再生能源装机容量及发电量稳步增长

内蒙古自治区是国家重要的能源基地，在促进能源发展、保障能源生产方面发挥了重要作用，依托丰富的风能、太阳能等资源优势，积极推动能源结构调整，大力发展风电、太阳能发电等可再生能源。 可再生能源作为国家能源转型的重要部分和未来电力增量的主体，2016 年以来，内蒙古自治区可再生能源发电装机容量和发电量保持了稳步增长。

2016—2020 年，内蒙古自治区可再生能源发电装机容量年均增长率为 10.9%。 在全自治区电力总装机容量中，其占比从 2015 年的 30.3% 提升到 2020 年的 36.2%，火电装机容量占比从 69.7% 下降到 63.8%。 可再生能源发电量年均增长率约 14%，在全自治区电力总发电量中，占比从 2015 年的 13% 提升到 2020 年的 17.2%。

2016—2020 年，内蒙古自治区可再生能源发电装机容量及新增装机容量变化见表 2.1 和图 2.1。 从装机容量增量来看，2016—2020 年可再生能源发电新增装机容量在总新增装机容量中占比普遍较高，2020 年可再生能源发电新增装机容量在总新增装机容量中占比为 59.2%，较 2019 年（35.6%）大幅提高。

2016—2020 年，内蒙古自治区可再生能源发电量及新增发电量变化见表 2.2 和图 2.2。 从发电量增量来看，2020 年可再生能源发电增量在总新

增发电量中占比约为 35.1%，新增发电量在总新增发电量中占比明显高于2019 年（18.1%）。

表 2.1	内蒙古自治区 2016—2020 年可再生能源发电装机容量及新增装机容量一览表				
年 份	2016	2017	2018	2019	2020
可再生能源发电装机容量/万 kW	3451	3671	4076	4348	5296
总装机容量/万 kW	11045	11826	12284	13048	14650
装机容量占比（可再生能源发电装机容量/总装机容量）/%	31.2	31.0	33.2	33.3	36.2
新增可再生能源发电装机容量/万 kW	300	220	405	272	948
新增总装机容量/万 kW	643	781	458	764	1602
新增装机容量占比（新增可再生能源发电装机容量/新增总装机容量）/%	46.7	28.2	88.4	35.6	59.2

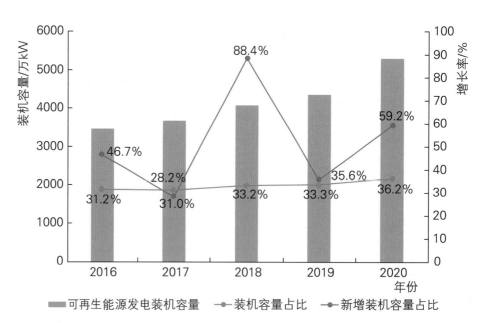

图 2.1　2016—2020 年内蒙古自治区可再生能源发电装机容量及新增装机容量变化

表 2.2	2016—2020 年内蒙古自治区可再生能源 发电量及新增发电量一览表				
年　份	2016	2017	2018	2019	2020
可再生能源发电量/(亿 kW·h)	582	695	815	896	983
总发电量/(亿 kW·h)	3950	4423	5005	5452	5700
发电量占比（可再生能源发电量/ 总发电量）/%	14.7	15.7	16.3	16.4	17.2
新增可再生能源发电量/(亿 kW·h)	82	113	120	81	87
新增总发电量/(亿 kW·h)	29	473	582	447	248
新增发电量占比（新增可再生能源 发电量/新增总发电量）/%	—	23.9	20.6	18.1	35.1

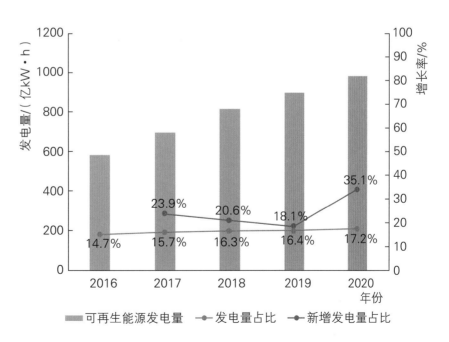

图 2.2　2016—2020 年内蒙古自治区可再生能源
发电量及新增发电量变化

2.4 风电、太阳能发电成为内蒙古自治区可再生能源发展主体

2016—2020 年风电、太阳能发电等新能源发展迅速，风电、太阳能发电装机容量及发电量在内蒙古自治区可再生能源总装机容量及发电量中占比均保持较高水平，如图 2.3 和图 2.4 所示。截至 2020 年年底，内蒙古

图 2.3 2016—2020 年内蒙古自治区风电、太阳能发电装机容量及占比

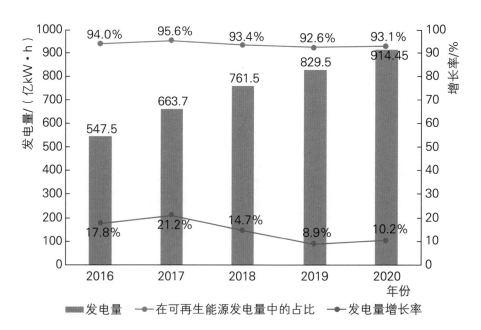

图 2.4 2016—2020 年内蒙古自治区风电、太阳能发电量及占比

自治区可再生能源累计发电装机容量达 5296 万 kW，风电、太阳能发电装机容量在可再生能源发电装机容量中的占比，从 2015 年的 91.9% 提升到 2020 年的 94.8%；2020 年可再生能源发电量 983 亿 kW·h，同比增长 9.7%，风电、太阳能发电的发电量在可再生能源发电量中的占比，从 2015 年的 91.3% 提升到 2020 年的 93.1%。

2.5　内蒙古自治区常规水电和抽水蓄能电站有序发展

内蒙古自治区常规水电资源总体规模不大，2020 年，全自治区水电装机容量与 2019 年持平。全自治区抽水蓄能电站规划和建设紧跟国家步伐，呼和浩特市抽水蓄能电站（120 万 kW）已于 2015 年投产发电，2019 年通过枢纽专项验收；赤峰市克什克腾旗芝瑞镇境内的芝瑞抽水蓄能电站（120 万 kW）于 2017 年核准，2019 年开工建设，2020 年，芝瑞抽水蓄能电站主体土建及金属结构安装工程相关工作有序推进；2020 年，乌海抽水蓄能电站（120 万 kW）预可行性研究报告通过审查，前期工作迈出阶段性步伐；包头市美岱抽水蓄能电站（120 万 kW）、乌兰察布市丰镇抽水蓄能电站（120 万 kW）前期工作稳步推进。

3 风电

3.1　资源概况

　　内蒙古自治区风能资源极为丰富，是全国风能资源最丰富的区域之一。内蒙古自治区陆上 70m 高度 300W/m² 以上的风能资源技术开发量约为 15 亿 kW，居全国首位。根据中国气象局风能太阳能资源中心发布的《2020 年中国风能太阳能资源年景公报》，2020 年全自治区 70m 高度年平均风速达到 6.5m/s，全自治区年平均风功率密度达到 288W/m²，是全国年平均风速和年平均风功率密度最大的省（自治区、直辖市），如图 3.1 所示。

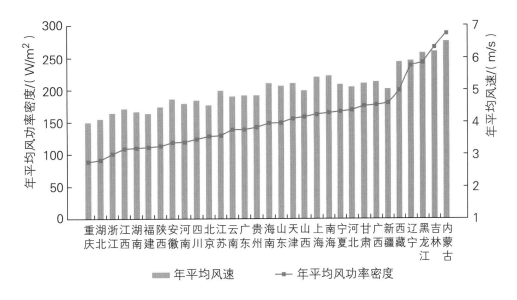

图 3.1　2020 年全国重点省份陆上 70m 高度
年平均风速、风功率密度统计

　　内蒙古自治区大部分地区陆上 70m 高度处年平均风速均在 6m/s 以上，是风力发电可利用的理想风速。从整体看，全自治区东北部及西南部年平均风速相对较小，具体地区包括呼伦贝尔市北部、阿拉善盟、巴彦淖尔市南部、乌海市、鄂尔多斯市及呼和浩特市。从年平均风速强度及分布面积看，巴彦淖尔市北部、包头市、乌兰察布市是内蒙古自治区偏西部风能资源丰富集中的地区，而锡林郭勒盟南部、东南部、赤峰市大部、通辽市北部、兴安盟及呼伦贝尔市中南部一带是自治区偏东部风能资源丰富集中的地区。

根据中国气象局风能太阳能资源中心发布的《2020 年中国风能太阳能资源年景公报》，2020 年内蒙古自治区陆上 70m 高度年平均风功率不小于 150W/m² 的区域面积达到 110 万 km²，占全自治区总面积的 93.2%，有 72.7% 的区域比常年偏小。 内蒙古自治区年平均风功率密度整体相对较大，其中有两大集中分布区年平均风功率密度在 400W/m² 以上，分别是位于内蒙古西部的巴彦淖尔市北部、包头市、乌兰察布市及位于内蒙古东部的呼伦贝尔南部、兴安盟、通辽市、赤峰市等地。

3.2 发展现状

装机容量平稳增长

2020 年，内蒙古自治区风电新增并网装机容量 779 万 kW（见图3.2），比 2019 年增加约 464.5%，其中国网内蒙古东部电力有限公司管辖区域（以下简称蒙东地区）风电新增并网装机容量 110 万 kW，比 2019 年增加约 37.5%；内蒙古电力（集团）有限责任公司管辖区域（以下简称蒙西地区）风电新增并网装机容量 668 万 kW，比 2019 年增加约 1152%，其中锡盟特高压外送通道新增并网装机容量 594.4 万 kW。 内蒙古自治区风电累计并网装机容量 3786 万 kW，同比增长 25.9%，其中蒙东地区累计并

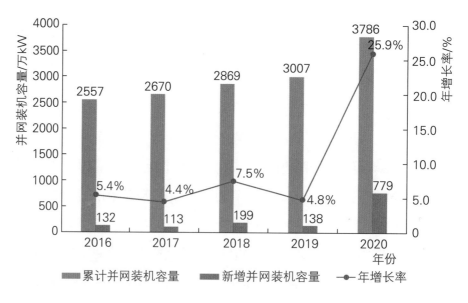

图 3.2   2016—2020 年内蒙古自治区风电装机容量及变化趋势

网装机容量 1221 万 kW，同比增长 10.0％；蒙西地区累计并网装机容量 2564 万 kW，同比增长 35.2％。截至 2020 年年底，风电并网装机容量约占全部电源总装机容量的 25.8％，较 2019 年增加 2.8 个百分点。

分盟（市）看，内蒙古自治区风电装机主要集中在巴彦淖尔市、包头市、赤峰市、通辽市、乌兰察布市和锡林郭勒盟 6 个盟（市），2020 年年底累计并网装机容量均超过 300 万 kW；其中超过 500 万 kW 的盟（市）有 3 个，分别是锡林郭勒盟、乌兰察布市、通辽市（见图 3.3）。2020 年，锡林郭勒盟、巴彦淖尔市、包头市、赤峰市、呼和浩特市、乌兰察布市、通辽市和兴安盟 8 个盟（市）有新增并网装机，其中锡林郭勒盟新增并网装机容量 613 万 kW，为新增并网装机容量最多的盟（市），占新增并网装机容量的近 8 成。

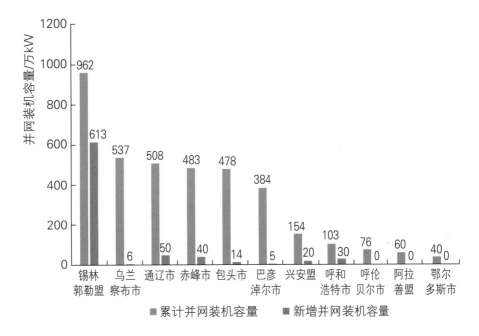

图 3.3　2020 年内蒙古各盟（市）风电装机容量

分旗（县）看，累计并网装机容量超过 100 万 kW 的旗（县）有 12 个，包括巴彦淖尔市乌拉特中旗，包头市达尔罕茂明安联合旗，赤峰市克什克腾旗，通辽市科左中旗、开鲁县和扎鲁特旗，乌兰察布市察哈尔右翼中旗，锡林郭勒盟阿巴嘎旗、锡林浩特市、苏尼特左旗、正镶白旗和太仆寺旗；累计并网装机容量超过 50 万 kW 的有 26 个旗（县）（见表 3.1），比 2019 年增加了 10 个旗（县）。

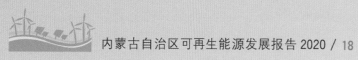

表 3.1　　　　　　　　　2020 年内蒙古自治区各盟市风电装机容量

区域	盟（市）	2020 年年底累计并网装机容量/万 kW	2020 年新增并网装机容量/万 kW	累计并网装机容量超过 50 万 kW 的旗（县）	2020 年年底累计并网装机容量/万 kW
蒙东地区	赤峰市	483	40	克什克腾旗	208
				松山区	66
				翁牛特旗	93
				阿鲁科尔沁旗	51
	呼伦贝尔市	76	0		
	通辽市	508	50	科左中旗	117
				科左后旗	50
				开鲁县	196
				扎鲁特旗	120
	兴安盟	154	20	科右中旗	51
				乌兰浩特市	50
蒙西地区	阿拉善盟	60	0		
	巴彦淖尔市	384	5	乌拉特中旗	291
				乌拉特后旗	89
	包头市	478	14	固阳县	89
				达尔罕茂明安联合旗	327
	鄂尔多斯市	40	0		
	呼和浩特市	103	30	武川县	92
	乌海市	0	0		
	乌兰察布市	537	6	察哈尔右翼中旗	167
				察哈尔右翼后旗	65
				化德县	74
				四子王旗	85
	锡林郭勒盟	962	613	阿巴嘎旗	193
				锡林浩特市	211
				苏尼特左旗	141
				正镶白旗	125
				太仆寺旗	100
				镶黄旗	90
				苏尼特右旗	65

开发企业以中央企业为主,截至 2020 年年底,内蒙古自治区累计并网装机容量排名前三的企业分别是国家能源投资集团有限责任公司、中国华能集团有限公司和中国大唐集团有限公司,其累计并网装机容量均超过 300 万 kW,排名前十的企业累计并网装机容量均超过 100 万 kW。 五大发电集团累计并网装机容量共计 2056 万 kW,超过内蒙古自治区累计并网装机容量的 1/2,按照累计并网装机容量大小排序依次为国家能源投资集团有限责任公司、中国华能集团有限公司、中国大唐集团有限公司、国家电力投资集团有限公司、中国华电集团有限公司(见图 3.4)。

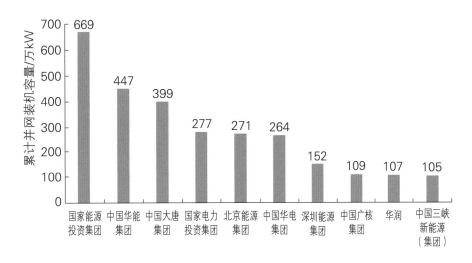

图 3.4　截至 2020 年年底内蒙古自治区风电累计装机容量排名前十位的开发企业

发电量持续增长

"十三五"以来,风电年发电量占内蒙古自治区电源总发电量比重相对平稳,年发电量持续增长。 2020 年内蒙古自治区风电年发电量达到 726 亿 kW·h(见图 3.5),仅次于火电同比增长 9.1%,占全部电源年发电总量的 12.7%,较 2019 年增长 0.5 个百分点,其中蒙东地区风电年发电量达到 276 亿 kW·h,同比增长 11.3%;蒙西地区风电年发电量达到 450 亿 kW·h,同比增长 7.7%。

分盟(市)看,赤峰市、通辽市、包头市、呼和浩特等 9 个盟(市)年发电量较 2019 年均有不同程度增长,其中呼和浩特市和阿拉善盟 2 盟(市)增幅最为明显,增幅均超过了 20%(见图 3.6)。 年发电量超过 100 亿 kW·h 的盟(市)有锡林郭勒盟、乌兰察布市、通辽市和赤峰市。

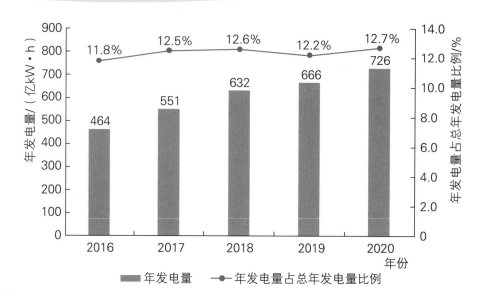

图 3.5 2016—2020 年内蒙古风电年发电量
及占比变化趋势

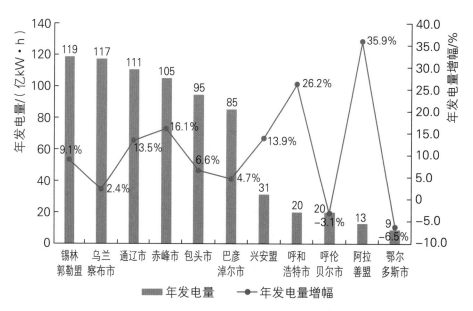

图 3.6 2020 年内蒙古自治区各盟（市）风电年发电量
及年发电量增幅

3.3 前期管理

风电装机完成国家"十三五"规划目标

根据国家能源局《风电发展"十三五"规划》，到 2020 年年底，内蒙古自治区风电累计装机容量达到 2700 万 kW 以上，其中蒙东地区风电累计并网装机容量达到 1000 万 kW，蒙西地区风电累计并网装机容量达到 1700 万 kW；力争新增新能源外送装机 2300 万 kW 左右，其中风电 1800 万 kW。截至 2020 年年底，内蒙古自治区风电装机容量为 3786 万 kW，其中蒙东地区风电装机容量为 1221 万 kW，蒙西地区风电装机容量为 2564 万 kW，锡盟特高压外送通道新增并网装机容量为 594.4 万 kW。蒙东地区和蒙西地区风电累计并网装机容量均已完成规划目标。

风电基地规划建设有序推进

2020 年 3 月 17 日，内蒙古自治区能源局发布《内蒙古自治区能源局 2020 年工作计划》，加快新能源基地建设。加快锡盟特高压输电通道配送 700 万 kW 风电、上海庙—山东特高压直流输电工程配送 400 万 kW 新能源、乌兰察布 600 万 kW 风电项目建设。

2020 年 3 月 26 日，内蒙古自治区能源局印发《内蒙古自治区能源局转发国家能源局关于 2020 年风电、光伏发电项目建设有关事项的通知》，2020 年原则上不安排新增本地消纳集中式风电项目，以国家已经批复规划的跨省区外送风电基地和本地消纳存量项目为建设重点，梳理报送跨省区平价上网风电基地项目信息。

2020 年 3 月，华能"北方上都"百万千瓦风电基地项目获得核准，风电基地规划总装机容量为 160 万 kW，位于正蓝旗和多伦县境内。

2020 年 9 月，经国家能源局和内蒙古自治区政府同意，内蒙古自治区能源局印发《关于开展"火风光储制研一体化"示范有关事项的复函》(内能电力函〔2020〕558 号)，同意通辽市"火风光储制研一体化"示范项目建设 170 万 kW 风电、30 万 kW 光伏，同步配套建设 32 万 kW×3h 储能，目前已完成核准并开工建设。

2020 年 9 月，内蒙古自治区能源局印发《关于开展"源网荷储一体化"示范有关事项的复函》(内能电力函〔2020〕559 号)，乌兰察布市"源网荷储一体化"示范共新建 280 万 kW 风电、30 万 kW 光伏，同步配套建设 88 万 kW×2h 储能，目前已开工建设。

乌兰察布 600 万 kW 基地项目于 2018 年年底核准，并于 2019 年 9 月正式开工建设。项目所发电量通过新建乌兰察布—张北 3 回 500kV 线路在京津冀地区消纳，线路全长约 220km。

上海庙—山东特高压直流输电工程配套外送电源项目中，巴彦淖尔市160万kW风电基地已于2020年完成项目竞争优选并正在办理核准，阿拉善盟160万kW风电基地已于2019年完成项目竞争优选并取得核准，鄂尔多斯市杭锦旗60万kW风电基地已于2020年开工建设。扎鲁特—青州直流特高压输电通道配套外送电源项目中，中广核兴安盟300万kW革命老区风电扶贫项目已完成核准，一期100万kW工程已开工建设；国家电投通辽100万kW项目已完成核准。锡盟特高压输电通道配套外送的700万kW风电项目已并网594.4万kW，剩余项目正在建设中。

平价上网项目以跨省外送为主

目前，内蒙古自治区风电平价上网项目主要是跨省外送项目，其中乌兰察布600万kW基地项目是国家首个大规模可再生能源平价上网示范项目，上海庙—山东特高压直流输电工程巴彦淖尔市160万kW风电基地、阿拉善盟160万kW风电基地、扎鲁特—青州特高压输电通道配套外送风电基地等项目均为平价上网项目。

分散式风电开发建设积极推进

内蒙古自治区地域辽阔，风能资源丰富，适合布局和发展模式灵活的分散式项目。2017年12月13日，内蒙古自治区发展改革委印发了《关于下达内蒙古"十三五"第一批分散式风电项目的通知》（内发改能源字〔2017〕1522号），内蒙古自治区"十三五"第一批分散式风电项目，全自治区共计22个，装机规模15万kW。2018年4月16日，国家能源局印发了《分散式风电项目开发建设暂行管理办法》，要求各地方要简化分散式风电项目核准流程，建立简便高效规范的核准管理工作机制，鼓励试行项目核准承诺制。2019年7月1日，内蒙古自治区能源局印发《内蒙古自治区分散式风电（2019—2020年）开发建设规划》（内能新能字〔2019〕316号），内蒙古自治区2019—2020年分散式风电开发建设规划规模为122万kW，涉及12个盟（市），其中2019年规划容量为72万kW，2020年规划容量为50万kW，蒙西地区90万kW，蒙东地区32万kW。

预警机制引导投资布局持续优化

为引导风电企业理性投资，督促地方改善风电开发建设投资环境，促进风电产业持续健康发展，2020 年 3 月，国家能源局印发《2020 年度风电投资监测预警结果的通知》（国能发新能〔2020〕24 号）。 内蒙古自治区 2020 年蒙西地区为风电投资监测预警橙色区，蒙东地区由橙色转为绿色区域。

监测评价结果为橙色的地区，在提出有效措施保障改善市场环境的前提下合理控制新建项目。 橙色区域暂停新增风电项目。 除符合规划且列入以前年度实施方案的项目、利用跨省跨区输电通道外送项目以及落实本地消纳措施的平价项目外，2020 年度不再新增建设项目。 依托跨省跨区输电通道外送的风电基地项目根据通道实际送电能力在受端地区电网企业确认保障消纳的前提下有序建设，合理安排并网投产时序。

3.4 投资建设

投资规模同比大幅增加

2020 年内蒙古自治区新增总投资约 500 亿元，受新增装机规模和单位千瓦造价上升影响，2020 年新增投资规模较 2019 年增加约 456%。

单位千瓦造价同比小幅上升

2020 年，国内风电补贴退坡倒逼存量项目建设提速，时间紧迫的"抢装期"导致风电市场设备供应紧张、施工安装等成本上涨，尤其吊装成本大幅增加。 内蒙古自治区风电项目，通过采取推进大型风电基地建设体现规模效应，2020 年内蒙古风电新增并网项目以锡林郭勒盟风电基地为主，风电单位千瓦造价较 2019 年仍小幅上升。 2020 年内蒙古风电项目单位千瓦造价约 6300 元。

设备及安装工程主导风电工程投资

风电项目单位千瓦工程投资包括设备及安装工程、建筑工程、施工辅助工程、其他费用、预备费和建设期利息，如图 3.7 所示。 设备及安装工程费用在内蒙古自治区风电项目总体工程投资占比最大比重，达到 85%，是项目整体工程投资指标的主导因素，未来还需进一步挖潜。

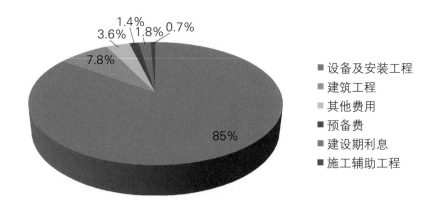

图 3.7 　2020 年内蒙古自治区风电项目单位千瓦工程投资构成

3.5 　运行消纳

利用小时同比上升

2020 年内蒙古自治区风电年平均利用小时数为 2375h，较 2019 年增加 70h，增长 3.0%，为"十三五"期间最高值（见图 3.8），其中蒙东地区风电年平均利用小时数为 2520h；蒙西地区风电年平均利用小时数为 2295h。分盟市看，全自治区 8 个盟（市）年平均利用小时数较 2019 年有所增长，其中赤峰市、呼伦贝尔市、兴安盟 2020 年平均利用小时数位居全自治区前三，分别为 2725h、2623h 和 2549h；阿拉善盟、赤峰市、包头市 2020 年平均利用小时数增长量位居全自治区前三，分别增长了 390h、177h 和 148h（见图 3.9）。

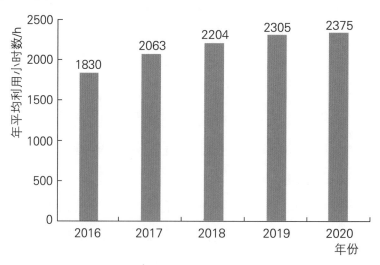

图 3.8 　2016—2020 年内蒙古自治区风电年平均利用小时数对比

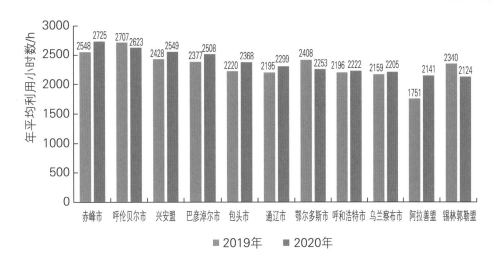

图 3.9　2020 年和 2019 年内蒙古自治区各盟市风电
年平均利用小时数对比

电力消纳形势持续向好

得益于风电投资监测预警机制引导、电网调度运行考核力度不断加强等因素，2020 年内蒙古自治区弃风电量为 39.6 亿 kW·h，较 2019 年减少 11.6 亿 kW·h；全自治区平均弃风率为 5.5%，较 2019 年降低 1.6 个百分点，为"十三五"以来最低值（见图 3.10）。

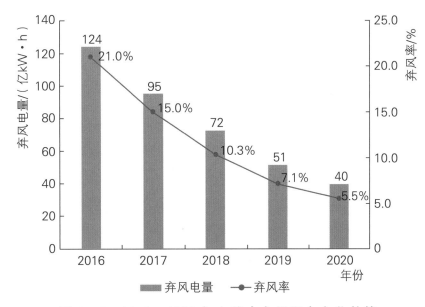

图 3.10　2016—2020 年内蒙古弃风限电变化趋势

弃风限电得以改善的主要原因如下：

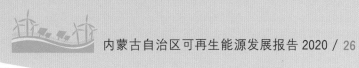

一是持续优化风电开发布局。 合理引导限电严重地区新能源发展节奏。 严格执行 2020 年风电预警结果，引导风电投资继续向经济活动集中、电力消纳条件较好的地区转移。

二是多渠道拓展新能源电力本地消纳。 包括推动火电灵活性改造、建设辅助服务市场、进一步挖掘火电调峰潜力、鼓励新能源与自治区内大用户及增量用户直接交易、实施风电供暖、完善内蒙古自治区内输电工程、探索开展需求侧响应、最大限度利用抽水蓄能电站等。

三是加大可再生能源电力跨省跨区输电通道建设，扩大新能源消纳范围。 2017—2020 年，扎鲁特—青州、锡盟—山东、锡盟—泰州等跨省跨区特高压输电工程的建设，提升了新能源的大范围优化配置能力。

四是通过电力市场化交易，扩大可再生能源电力消纳空间。 健全自治区内新能源交易制度，进一步扩大新能源参与电力市场交易的规模，为新能源消纳拓展空间。 加快电力现货市场建设，鼓励新能源参与市场，利用边际成本优势实现优先消纳。

3.6 风电产业

内蒙古自治区的风电产业链相关的龙头企业目前有 17 家，包括整机、叶片、塔筒、机舱、基础组件等制造企业。 能同时生产主机和叶片的厂家有 1 家，整机企业 6 家、叶片厂家有 5 家，塔筒企业 3 家，机舱企业 1 家，基础组件企业 1 家。 这些企业主要分布在锡林郭勒盟、通辽市、呼和浩特市、兴安盟、赤峰市、乌兰察布市、包头市等盟（市）。

据统计，锡林郭勒盟当地的风电机组整机企业生产经营状况较好，从上下游的供应来看，锡林郭勒盟明阳新能源有限公司生产情况尤其突出，上游配套企业的供应量增长显著。 整体来看，内蒙古自治区的风电产业优势并不明显，整机企业受市场开发规模限制，产量大幅下滑。 此外，除零部件和整机企业外，其他产业链上下游企业并没有产生集群效力，研发、创新缺乏基础人才和环境，对产业升级的支持能力不足，长期发展还需要更多软环境的培养。

内蒙古自治区风电产业应该利用大风电基地建设的发展契机，加快培育风电全产业链，打造健康的产业生态环境。 围绕陆上风电技术创新做文章，深耕陆上风电技术升级和改造，依托"一带一路"地缘优势，推动国际化发展。重点培育陆上风电装备、零部件制造、陆上风电基地、陆上风电规模化运维服务、陆上机组出口等综合性陆上风电产业基地。把内蒙古风电产业培育成具有内陆特色支柱型产业。

蒙东产业集群

在蒙东的兴安盟、通辽市和赤峰市，目前有艾郎叶片、联合动力、美泽风电等风电产业相关的企业。建议相关盟（市）从现有企业中选出有实力的整机企业，作为龙头企业重点扶持，给予政策倾斜，发挥龙头企业的积极性和带头作用。围绕龙头企业的影响力，切实解决企业生存和发展空间问题，让龙头企业可以安心发展，带动相关配套产业链的培育和发展。积极开展人才培养，加强研发等配套服务支持，协助企业培育集研发、制造、服务于一体的产业。

蒙西产业集群

在蒙西地区的呼和浩特市、锡林郭勒盟、包头市、巴彦淖尔市、乌兰察布市和鄂尔多斯市等盟（市），目前有中国海装、上海电气、远景能源、欣颜风电、明阳智能、山东中车、天顺风能、中复叶片等风电龙头企业。加强扶持风电龙头企业，并精心培育，不断扩大本地产业集群优势，假以时日可逐步形成蒙西地区核心的风电全产业集群，重点引进先进高效率风电技术、风电升级改造技术和应用模式、风电运维服务等领域。此外，还可以利用蒙西的地缘优势，加强"一带一路"的风电机组的出口贸易地位，形成内陆陆上风电的出口产业基地，立足国内外市场，推动中亚地区的风电产业发展。对内打造最大陆上风电技术全产业集群，对外打造陆上风电贸易枢纽，不断扩大风电开发和应用市场前景，为龙头企业创造好的发展空间。

3.7 发展趋势及特点

随着补贴加速退坡，风电无补贴时代的到来，内蒙古自治区风电项目规模化、基地化将成为主流，通过调整电源结构、优化提升外送通道、发展储能项目、提高电能消纳水平等方式，进一步提高新能源利用率。未来几年大型风电基地并网规模会逐步加大，进一步提升内蒙古自治区的风

电装机规模;其中通过上海庙—山东特高压直流输电工程配套外送的巴彦淖尔市 160 万 kW 风电基地已于 2020 年已完成项目竞争优选并正在办理核准;阿拉善盟 160 万 kW 风电基地已于 2019 年已完成项目竞争优选并取得核准;鄂尔多斯市杭锦旗 60 万 kW 风电基地已于 2020 年开工建设。 通辽扎鲁特 100 万 kW、兴安盟 300 万 kW 等项目已核准或开工。

风电在 2020 年装机容量创阶段新高,并实现平价上网

2020 年是中国"十三五"规划的收官之年,也是陆上风电国家提供补贴的最后一年。 受此影响,内蒙古自治区风电的建设规模已创历史新高,全年新增并网装机容量 779 万 kW,在风电技术进步和风电项目大基地化、规模化双重推动下,未来风电上网电价将进一步降低,将实现平价上网。

风电清洁供暖

风电清洁供暖对提高北方风能资源丰富地区消纳风电能力,缓解内蒙古自治区冬季供暖期电力负荷低谷时段风电并网运行困难,促进城镇能源利用清洁化,减少化石能源低效燃烧带来的环境污染,改善内蒙古冬季大气环境质量意义重大。 到 2020 年年底,全区风电清洁供暖总面积约为 600 万 m^2。

风电发展需关注的重点

内蒙古自治区风能资源优良、土地资源丰富,具备规模化发展风电的良好条件,但现阶段面临消纳能力不足,今后将以加强本地消纳研究,多能互补集成优化,以及跨区外送等多种方式相结合,做好风电项目开发和并网消纳统筹推进。

当前和今后一个时期,内蒙古自治区将以 "生态优先、绿色发展"为导向,将风电与边境生态屏障、荒漠地区建设相结合,形成绿色能源与绿水青山良性互动,可再生能源与生态协同发展格局。 内蒙古自治区将推动可再生能源外送和本地消纳并举、集中式和分布式开发并举,注重氢能、储能、微电网等新技术、新模式和新业态与可再生能源产业融合发展,示范引领自治区现代能源经济体系建设。

结合内蒙古自治区产业基础和国内外发展趋势,推动"市场驱动规模化发展、创新驱动可持续发展、龙头企业带动集群化发展和数字化提升智

能化发展"的产业发展思路。 内蒙古自治区将建成集新能源技术研发、装备制造、电站开发和配套服务于一体的风电全产业链，将风电产业培育成在国内外有重要影响力的特色标杆支柱产业。

推动大型风电基地集中开发就地利用

内蒙古自治区边境沿线、荒漠地区风能资源丰富，加快推进一批边境风电基地、荒漠化风电基地集中开发建设，就近消纳，保障边境地区电力供应，提升边境地区居民电气化率、人居环境改善，促进边境沿线、荒漠化地区经济建设。

3.8　发展方向

加快构建风电产业装备创新服务体系

可借鉴并引进东南沿海风电产业集群模式，加快构建风电产业装备创新服务体系，包括搭建陆上风电技术装备联合创新中心或示范平台，加大技术研发和引智力度，增强自主创新和技术储备，参与和引领行业标准规范制定，构建立体化的人才支撑，加快推进高价值专利培育，打造机制灵活的创业加速器，突破重点领域亟须的关键技术，建立产业园区的政府企业共建机制，着力发展高质量的技术和咨询服务等，打造包括标准规范制定、立体化的人才支撑、高价值专利培育、高质量的技术和咨询服务等的创新支撑体系。

加速布局风电自主化全产业链集群

依托内蒙古自治区强大风电市场，结合重大基地、重大工程、重大示范项目的建设，加快促进内蒙古自治区发展风电产业合理布局和健康发展的重大举措。 吸引国内外龙头企业、高端人才和优质要素资源在内蒙古自治区开发项目、投入最先进技术产品、扩大先进产能投资，通过龙头企业聚集上下游产业链联合创新，积极吸引培育自主创新型企业，为内蒙古自治区风电自主化全产业链实现高质量发展、构建新发展格局提供助力。

从市场需求拉动产业的角度，打造内陆特色支柱型风电产业装备集群，推动风电规模化开发及先进技术装备示范工程，包括推动大型的技术创新示范基地、分布式可再生能源电力开发、多种模式互补的新能源示范工程。 数字化技术与新能源产业融合发展不断深化，以市场化为导向的

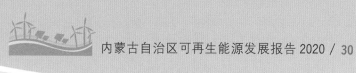
能源体制改革稳步推进，共同驱动新技术、新模式、新业态不断涌现和推广应用，将持续培育新的经济增长点、推动新一轮产业升级和经济转型。推动现代装备制造新兴产业向自主化、规模化、高端化、绿色化、集群化发展。

加快风电机组退役和更新、换代政策研究

随着内蒙古自治区风电近年来的飞速发展，2020 年累计并网的风电装机容量达到 3786 万 kW，目前运行年限超过 10 年的风电机组超过 1000 万 kW，机组的单机容量多在 1.5MW 以下，叶轮直径也相对较小，具备更新与换代潜力。目前风电机组退役和更新、换代政策尚未明确，通过开展相关政策研究，引导风电产业向高质量发展。

加强风电行业监管，保障有序健康发展

随着国家"放管服"改革的不断深入，需进一步加强市场监管，促进风电产业健康有序发展。一是严格落实《中华人民共和国可再生能源法》关于行业监管的法律条款要求，加强风力发电监管。二是完善风电项目开发建设信息监测机制，切实做好信息分析研判，全面提升项目信息监测质量。三是加强风电行业的事前事中事后监管，针对风电发展规划、全额保障性收购、工程质量验收等方面建立全过程监管体系，推进工程全过程咨询机制，建立监管评估机制。

分盟市消纳预警，规范有序发展

为推进内蒙古自治区风电产业规范有序发展，引导企业理性投资，避免因消纳送出原因造成大规模弃风问题，开展全区各地区风电消纳能力评估测算研究，以红、橙、黄、绿 4 种颜色标识，对各地区风电消纳形势由劣到优进行逐级分类后，形成全区以盟市为单位的风电消纳预警等级分类结果。

4 太阳能发电

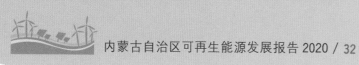

4.1 资源概况

太阳能资源丰富，地域分布呈现西高东低的特点

内蒙古自治区太阳能资源十分丰富，太阳能年总辐照量为 4831 ～ 7013MJ/m²，年日照时数为 2600～3400h，是全国高值地区之一。 内蒙古全区年总辐照值由东北向西南逐渐递增。 总辐照低值区分布于呼伦贝尔市北部，年总辐照量在 5040MJ/m² 以下，年日照时数在 2700h 以下。 总辐照中值区包括呼伦贝尔市南部，兴安盟、锡林郭勒盟、通辽市、赤峰市、乌兰察布市、呼和浩特市，包头市、鄂尔多斯市、乌海市的大部以及巴彦淖尔市中部和阿拉善盟南部，年总辐照量为 5040～6300MJ/m²，年日照时数为 2700～3200h。 总辐照高值区集中于阿拉善盟中北部、巴彦淖尔市西部和东部、包头市西部以及鄂尔多斯西缘和乌海市西缘，年总辐照量在 6300MJ/m² 以上，年日照时数在 3200h 以上。

2020 年太阳能水平面总辐照量接近于常年

根据中国气象局风能太阳能资源中心发布的《2020 年中国风能太阳能资源年景公报》，2020 年全国陆地表面平均年水平面总辐照量约为 5324.3MJ/m²，年最佳斜面总辐照量约为 6227.5MJ/m²，比 2019 年分别偏高 1.38%、1.47%，比近 10 年（2010—2019 年）平均值分别偏低 1.04%、0.44%。

2020 年内蒙古自治区水平面总辐照量和最佳斜面总辐照量整体接近于常年。 其中内蒙古自治区西部年水平面总辐照量超过 6250MJ/m²，是2020 年全国太阳能资源最丰富地区之一，内蒙古自治区其余大部分地区年水平面总辐照量为 5000～6250MJ/m²，太阳能资源很丰富。

4.2 发展现状

装机规模保持稳定增长

2020 年，内蒙古自治区太阳能发电新增并网装机容量为 156 万 kW（不含 10 万 kW 光热项目）（见图 4.1），同比增长约 1.7%。 其中蒙东地区太阳能发电新增并网装机容量为 44 万 kW，与 2019 年持平；蒙西地区太阳能发电新增并网装机容量约为 112 万 kW，同比增长约 1.8%。 截至 2020 年年底，内蒙古自治区太阳能发电累计并网装机容量达 1237 万 kW，同比增长

14.4%，太阳能发电累计并网装机容量位于全国第 9 位。 其中蒙东地区累计并网装机容量达 327 万 kW，同比增长 15.3%；蒙西地区累计并网装机容量达 910 万 kW，同比增长 14.0%。 太阳能发电并网装机容量约占全部电源总装机容量的 8.4%。 截至 2020 年年底，内蒙古自治区集中式太阳能电站累计并网装机容量达 1138 万 kW，同比增长 13.7%；分布式太阳能电站累计并网装机容量 98 万 kW，同比增长 21.9%。

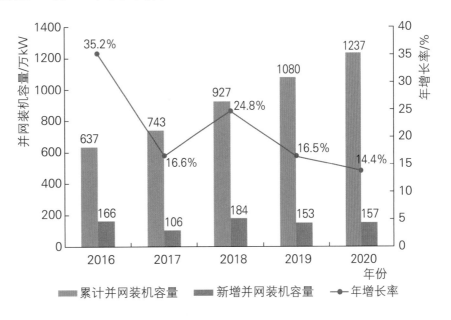

图 4.1　2016—2020 年内蒙古自治区太阳能
发电并网装机容量变化趋势

分盟（市）看（见图 4.2），内蒙古自治区太阳能发电装机主要集中在鄂尔多斯市、乌兰察布市、包头市、通辽市、巴彦淖尔市、呼和浩特市 6 个市，2020 年年底，累计并网装机容量均超过 100 万 kW。 2020 年，鄂尔多斯市、通辽市、包头市、巴彦淖尔市、阿拉善盟、锡林郭勒盟、赤峰市、乌海市、呼伦贝尔市 9 个盟市有新增集中式太阳能电站并网装机，其中包头市新增并网装机容量 43 万 kW，为新增并网装机容量最多的市。

分旗（县）看（见表 4.1），太阳能电站累计并网装机容量超过 50 万 kW 的有 3 个旗（县），包括鄂尔多斯市杭锦旗、达拉特旗和包头市土默特右旗；累计并网装机容量超过 20 万 kW 的有 26 个旗（县），与 2019 年相比，新增了赤峰市克什克腾旗、巴彦淖尔市磴口县和包头市固阳县 3 个旗（县）。

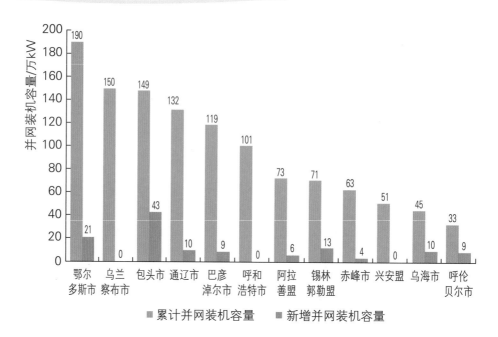

图 4.2　2020 年内蒙古自治区各盟（市）6MW 以上
太阳能发电装机容量

区域	盟（市）	累计并网 装机容量 /万 kW	新增并网 容量 /万 kW	累计并网 装机容量超过 20 万 kW 的地区	地区累计 并网装机 容量 /万 kW
蒙东 地区	赤峰市	63	4	翁牛特旗	29
				克什克腾旗	22
	通辽市	132	10	科左中旗	27
				开鲁县	21
	呼伦贝尔市	33	9		
	兴安盟	51	0	科右前旗	23
蒙西 地区	阿拉善盟	73	6	阿拉善左旗	45
	巴彦淖尔市	129	9	乌拉特前旗	23
				乌拉特中旗	28
				乌拉特后旗	33
				磴口县	22

表 4.1　2020 年内蒙古自治区各盟（市）6MW 以上
太阳能发电装机容量

续表

区域	盟（市）	累计并网装机容量/万 kW	新增并网容量/万 kW	累计并网装机容量超过20 万 kW 的地区	地区累计并网装机容量/万 kW
蒙西地区	包头市	149	43	达尔罕茂明安联合旗	24
				石拐区	25
				土默特右旗	57
				固阳县	29
	鄂尔多斯市	190	21	杭锦旗	98
				达拉特旗	74
	呼和浩特市	101	0	土默特左旗	30
				托克托县	22
	乌海市	45	10	海勃湾区	23
	乌兰察布市	150	28	察哈尔右翼前旗	24
				察哈尔右翼中旗	41
				商都县	22
				四子王旗	24
				卓资县	21
	锡林郭勒盟	71	13	二连浩特市	27
				正蓝旗	20

开发企业以中央企业为主，截至 2020 年年底，在内蒙古自治区太阳能发电累计并网装机容量排名前三位的企业分别是国家电力投资集团有限公司、中国广核集团有限公司和国家能源投资集团有限公司，累计并网装机容量均超过 70 万 kW（见图 4.3）。五大发电集团累计并网装机容量接近内蒙古自治区累计并网装机容量的 1/3。

发电量稳步增长

"十三五"以来，内蒙古自治区太阳能年发电量占内蒙古自治区电源总发电量的比重稳步增长。2020 年内蒙古自治区太阳能年发电量达到 188 亿 kW·h，同比增长 15.1%，占全部电源总年发电量的 3.3%，较 2019 年提高 0.3 个百分点，其中蒙东地区太阳能年发电量达到 49 亿 kW·h，同比增长

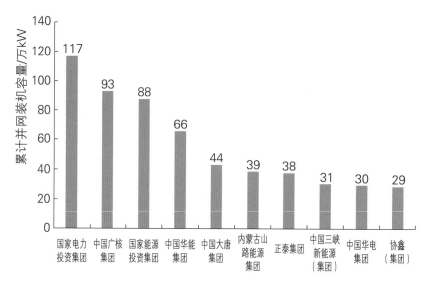

图 4.3　2020 年年底在内蒙古自治区太阳能发电累计
装机容量前十的开发企业

20%；蒙西地区太阳能年发电量达到 139 亿 kW·h，同比增长 16.2%，如图 4.4 所示。

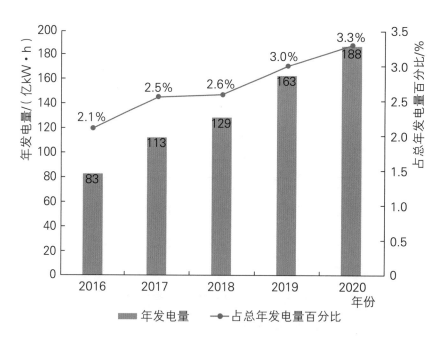

图 4.4　2016—2020 年内蒙古自治区太阳能
年发电量变化趋势

分盟（市）看（见图 4.5），鄂尔多斯市、乌兰察布市、通辽市、包头市、巴彦淖尔市等 9 个盟（市）太阳能年发电量均超过了 10 亿 kW·h。

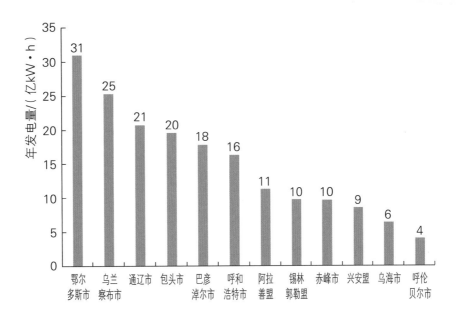

图 4.5　2020 年内蒙古自治区各盟（市）太阳能年发电量

4.3　前期管理

太阳能发电装机完成国家"十三五"规划目标

根据国家能源局《太阳能发展"十三五"规划》要求，到 2020 年年底，内蒙古自治区太阳能发电装机容量要达到 1200 万 kW 以上。截至 2020 年年底，内蒙古自治区太阳能发电装机容量为 1237 万 kW，完成了规划目标。

监测机制引导投资布局持续优化

根据国家能源局印发的《光伏发电市场环境监测评价方法及标准（2019 年修订版）》，光伏发电市场环境监测评价采取综合评价与约束性指标判定相结合的方式。综合评价结果结合各项竞争力评价指标和风险评价指标分为红色、橙色、绿色。根据评价结果，内蒙古自治区蒙西地区和蒙东地区的市场环境监测评价结果均为绿色。与 2018 年度评价结果相比，蒙东地区保持了绿色区域的评价结果，蒙西地区实现了由橙转绿。内蒙古自治区太阳能发电市场环境整体得以持续改善。

有序推进太阳能发电项目统一竞价工作

根据《国家能源局关于 2020 年风电、光伏发电项目建设有关事项的通知》（国能发新能〔2020〕17 号），按照公平公正、科学客观的原则，内

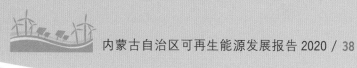

蒙古自治区能源局委托第三方技术管理机构组织专家对各盟（市）申报项目的申报价格、工程建设条件和并网条件等进行客观评分，优选出了申报国家补贴项目名单，共 11 个项目，总装机容量 140 万 kW。 2020 年 6 月，国家能源局发布了《国家能源局综合司关于公布 2020 年光伏发电项目国家补贴竞价结果的通知》，根据公示结果，内蒙古自治区 2020 年申报的所有太阳能项目均纳入了国家 2020 年太阳能发电国家竞价补贴范围项目名单。

上网电价进一步降低

2020 年，依托技术进步推动度电成本下降，内蒙古自治区太阳能发电基本已具备平价上网条件。 根据全国竞价排序结果，2020 年蒙西地区 6 个列入国家竞价补贴项目名单的光伏项目平均申报上网电价为每千瓦时 0.2834 元，其中 5 个项目申报上网电价为每千瓦时 0.2830 元。 蒙东地区 5 个列入国家竞价补贴项目名单的光伏项目平均申报上网电价为每千瓦时 0.3132 元。

全自治区第一个光热项目并网

2020 年 12 月，乌拉特中旗 10 万 kW 槽式导热油 10h 储能光热发电项目实现满负荷发电，该项目是国家首批光热示范项目中单体规模最大、储热时长最长的槽式光热发电项目。 光热发电集发电与储能为一身，是可代替化石能源作为基础负荷和调峰负荷的绿色电源，对于保证电力系统安全、高效，助力实现 2030 年"碳达峰"和 2060 年"碳中和"目标具有重要作用。

4.4 投资建设

总投资有所回落

2020 年内蒙古自治区太阳能发电新增总投资规模约 70 亿元，其中地面太阳能发电新增投资约 54 亿元，分布式太阳能发电新增投资约 16 亿元。 受太阳能发电新增装机规模减小和单位千瓦造价持续下降影响，2020 年新增投资规模较 2019 年 92 亿元投资规模下降约 24%。

可再生能源发电成本优势初显

2020 年，我国太阳能应用市场持续稳定发展，太阳能产业全产业链规模化发展带动技术进步和组件价格下降效果显著。 同时，全国太阳能发电统一竞争性配置等竞争机制引导企业加强系统优化和成本控制，太阳能发电初始投资成本进一步下降。

2020 年，内蒙古自治区光伏电站单位千瓦平均造价约 3600 元（见表4.2），同比下降约 10%；分布式光伏电站单位千瓦造价约 3400 元，同比下降约 5%。 内蒙古自治区光伏发电已基本具备平价/低价上网条件。

表 4.2　2020 年内蒙古自治区光伏发电项目单位千瓦建设投资

投资构成	单位千瓦建设投资/元
光伏组件	1600
逆变器	160
支架	390
汇流箱、箱变等主要电气设备	120
电缆	200
通信、监控及其他设备	80
建安工程	450
土地成本	200
电网接入成本	200
前期开发及管理费	200
合计	3600

光伏组件技术进步推动单位千瓦建设投资快速下降

光伏发电系统建设投资主要由光伏组件、逆变器、支架、电缆等主要设备成本，以及建安工程、土地成本及电网接入成本、前期开发及管理费用等构成。以内蒙古自治区 2020 年典型光伏电站为例，光伏组件占到了建设投资的 44%（见图 4.6），仍是最主要的构成部分。得益于先进技术的规模化使用， 2020 年光伏组件价格下降较大，虽然年底由于产业原因有一定程度回升，但总体呈下降趋势；其他建设投资均有小幅降低。

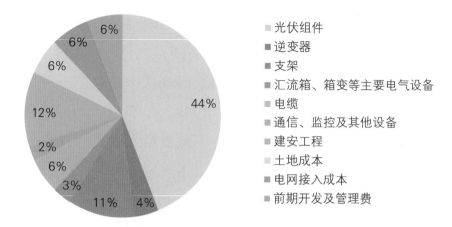

图 4.6 2020 年内蒙古自治区光伏发电项目单位千瓦建设投资构成

4.5 运行消纳

年平均利用小时数小幅提升

2020 年，内蒙古自治区太阳能发电年平均利用小时数达 1654h，居全国第 1 位，较 2019 年增加 40h，同比增长 2.4%，为"十三五"期间最高值（见图 4.7）。 其中蒙东地区太阳能发电年平均利用小时数为 1673h；蒙

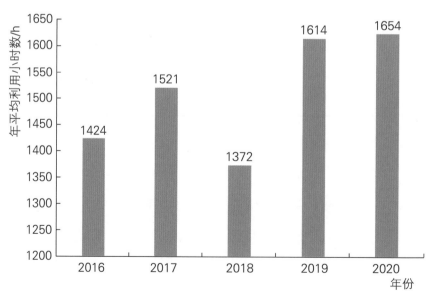

注：因 2018 年一大批太阳能发电项目年中并网，所以年平均利用小时数较低。

图 4.7 2016—2020 年内蒙古自治区太阳能发电

年平均利用小时数对比

西地区太阳能发电年平均利用小时数为 1648h。 分盟（市）看，鄂尔多斯市、通辽市和乌兰察布市 2020 年平均利用小时数位居全自治区前三位，分别为 1851h、1696h 和 1690h（见图 4.8）。

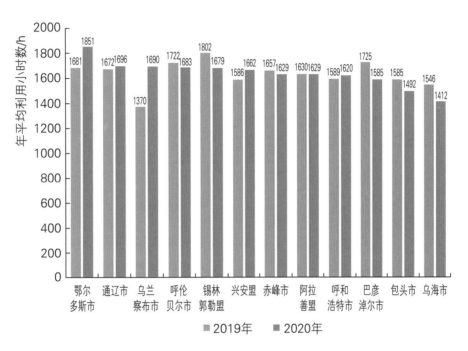

图 4.8　2019 年和 2020 年内蒙古自治区各盟（市）
太阳能发电年平均利用小时数对比

电力消纳情况小幅波动

"十三五"期间，得益于太阳能发电项目布局持续优化，集中式与分布式发展并举，以及新能源参与电力市场化交易进一步提升等因素，内蒙古自治区太阳能发电消纳条件进一步改善，近三年太阳能发电利用率均在 97% 以上。 2020 年，内蒙古自治区全年弃光电量 5.3 亿 kW·h，弃光率 2.8%。 其中蒙西地区 2020 年弃光电量 5.1 亿 kW·h，弃光率 3.6%；蒙东地区 2020 年弃光电量 0.2 亿 kW·h，弃光率 0.4%（见图 4.9）。

弃光限电现象得以改善的主要原因如下：

一是项目布局持续优化。 内蒙古自治区按照太阳能发电市场环境监测评价结果，合理控制限电严重地区光伏产业发展节奏，引导太阳能发电投资继续向电力消纳条件较好的鄂尔多斯市、包头市和通辽市等地区转移。

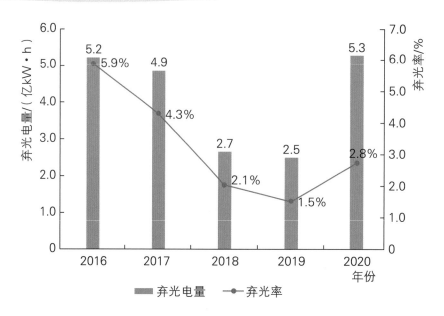

图 4.9　2016—2020 年内蒙古自治区弃光电量
和弃光率变化趋势

二是坚持集中式和分布式发展并举。积极支持各地区分布式太阳能发电开发，促进电力的就地消纳。

三是新能源参与电力市场化交易比重持续提升、跨省跨区输电通道送电能力提高、电力系统灵活性进一步加强等因素，也是内蒙古自治区太阳能发电弃光现象得以改善的重要原因。

4.6　光伏扶贫

光伏扶贫工程是我国新能源开发利用与脱贫攻坚有机结合的一项开创性工程，是我国产业扶贫的一种新探索、新方式，是我国全面建成小康社会的一项重要抓手。"十三五"期间，内蒙古自治区全力推进光伏扶贫，取得了显著成效。

到 2020 年年底，全自治区光伏扶贫电站累计并网装机容量 165.5 万kW，同比增长 15.1%，其中集中式光伏扶贫项目累计并网装机容量 100万 kW，村级光伏扶贫电站 65.5 万 kW（见图 4.10）。

分盟（市）看（见图 4.11），内蒙古自治区光伏扶贫电站装机主要集中在乌兰察布市、兴安盟、通辽市、赤峰市、呼伦贝尔市 5 个盟（市），2020 年年底，累计并网装机容量均超过 10 万 kW。

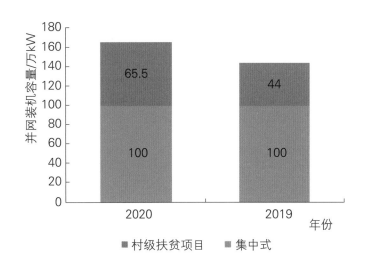

图 4.10　内蒙古自治区光伏扶贫电站并网装机容量变化趋势

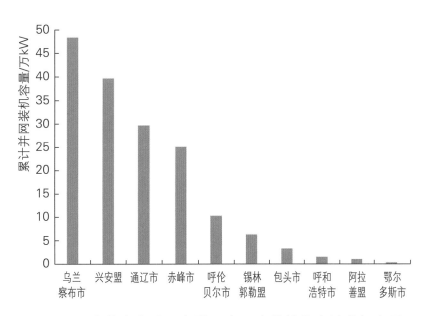

图 4.11　内蒙古自治区各盟（市）光伏扶贫电站装机容量

2020 年，全自治区光伏扶贫电站优先上网、全额消纳，累计发电 28 亿 kW·h，同比增长 41.2%，其中集中式光伏扶贫电站累计发电 17 亿 kW·h，村级光伏扶贫电站累计发电 11 亿 kW·h；全自治区光伏扶贫电站年平均利用小时数达 1714h，同比增加 22.7%，且高于全自治区光伏电站年平均利用小时（见图 4.12）。

分盟（市）看（见图 4.13），乌兰察布市、兴安盟、通辽市、赤峰市 4

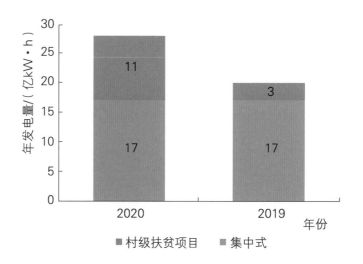

图 4.12　内蒙古自治区光伏扶贫电站年发电量变化趋势

个盟（市）光伏扶贫电站年发电均超过了 4 亿 kW·h。

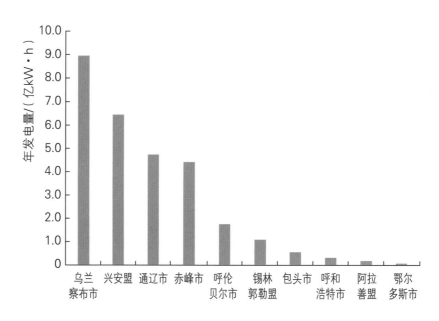

图 4.13　内蒙古自治区各盟（市）光伏扶贫电站年发电量

4.7　技术进步

　　内蒙古自治区是我国重要的新能源基地，主要以风电、太阳能发电开发为主，开发规模位居全国前列。在产业政策引导和市场需求驱动的双重作用下，依托丰富的多晶硅原料和电力成本优势，内蒙古自治区多晶硅、单晶硅产能位居国内前列，成为国内太阳能晶硅材料的重要制造基地，太阳能晶体研发实力大幅提升。

生产装备技术提升，组件性能大幅提高

内蒙古自治区光伏工艺制造水平持续提升，单晶硅片、多晶硅片厚度降速明显，主流硅片厚度已经从全年的 180μm 降到 175μm，达到全国平均水平，一定程度上节省了单片硅的用量；组件尺寸向大尺寸方向发展，2020 年的主流规格从 2019 年的 156.75mm 变成 158.75mm；光伏组件功率往更大的方向发展，P 型高效单晶 PERC 电池片占据市场绝对主流，效率更高的高效 N 型 TOPcon、HJT 和 IBC 产品成本逐渐下降。

智能运维方式应用，电站发电能力提高

2020 年，内蒙古自治区太阳能电站的运维水平得到明显提升。无人机巡检平台、远程运维等智能化运维方式得到实际应用，有效降低了人工巡检过程中的误差率，减少了企业的维修成本、人工成本，收到了良好的经济社会效益；投资主体对先进设备、优化布置型式、精细化设计等方面愈发重视，太阳能电站发电能力明显提升。

4.8 发展趋势及特点

光伏产业高度集中，总产能位居全国前列

内蒙古自治区太阳能发电制造业主要集中在产业上游，以生产多晶硅料、单晶/多晶硅片为主。2019 年，内蒙古自治区多晶硅料年产能合计达到 74000t，占全国总产能的 16%，仅次于新疆，排名全国第二位。单晶、多晶硅片环节中，中环能源（内蒙古）有限公司致力于在呼和浩特市建设超 85GW 全球领先的单晶硅棒生产基地，打造光伏产业的优势竞争壁垒，成为具有全球优势的太阳能硅晶体制造中心；晶澳太阳能科技有限公司在包头建立了年产 4.5GW 单晶硅、2.5GW 多晶硅棒的生产线，2019 年全年累计实现生产单晶硅方 1.72GW、多晶硅方 1.25GB；阿特斯阳光能源科技有限公司在包头具备生产 3GW 单晶硅棒、3GW 多晶硅棒的产能，可实现年生产 2GW 多晶硅棒、190MW 单晶硅棒。光热发电方面，已具备光热发电部分核心组件的生产能力。

太阳能发电占比提高，资源利用水平提升

2020 年内蒙古自治区太阳能全年发电量 188 亿 kW·h，占各类电源全

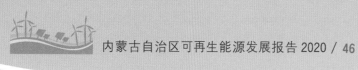

部发电量的 3.3%，较 2019 年提高了 0.3 个百分点。 内蒙古自治区全年弃光电量 5.3 亿 kW·h，太阳能发电利用率达 97.2%，可再生能源利用水平稳步提升。

多能互补综合开发，推动光伏产业发展

为推进内蒙古自治区现代能源经济高质量发展，加快光伏产业发展模式转变，将新能源技术开发的经济效益和社会效益结合起来，建设一批"源网荷储"一体化、"风光火储"一体化示范工程，实现高比例本地消纳和外送相结合的新能源基地。

"光伏＋"开发模式，助力生态环境修复

结合内蒙古自治区实际情况，因地制宜发展光伏产业，充分利用沙漠、采煤沉陷区、露天煤矿排土场，依托高效的太阳能发电和环境治理技术，建设一批以太阳能发电与沙漠治理、采煤沉陷区治理、复垦区治理等生态修复治理相结合的太阳能发电基地，实现能源建设和环境治理双赢发展，落实建设生态屏障的要求。 结合黄河沿岸，特别是河套平原农、牧、渔业良好的发展基础，通过"光伏＋"的综合利用模式在"十四五"规划期间推动黄河沿岸农、牧、渔、光综合利用项目建设，提高第一产业收益附加值。

4.9 发展方向

大力发展光伏产业，延长光伏产业链条

内蒙古自治区太阳能发电制造产业完全集中在上游高耗能的单晶硅、多晶硅环节，太阳能电池片、组件以及逆变器等重要环节均没有企业进行布局生产制造。 下一步将延长太阳能发电制造产业链条，研发高转换率光伏组件、高质量逆变器、大容量储能电池等高端装备制造业，提升产业发展层次和水平。

建立盟（市）消纳预警，规范有序发展

为推进内蒙古自治区光伏产业规范有序发展，引导企业理性投资，避免因消纳送出原因造成大规模弃光问题，开展全自治区各地区光伏消纳能力评估测算研究，以红、橙、黄、绿 4 种颜色标识，对各盟（市）光伏消纳形势由劣到优进行逐级分类，形成全自治区以盟（市）为单位的光伏消纳预警等级分类结果。

完善平价光伏政策，促进产业健康发展

为促进可再生能源高质量发展，提高太阳能发电的市场竞争力，需要结合市场化、无补贴的发展方式，进一步研究完善产业政策体系，加快推进太阳能发电平价上网进程。 充分利用内蒙古自治区太阳能发电开发建设条件优势，推进太阳能发电项目建设成本稳步下降，实现太阳能发电全面平价上网。

提高太阳能发电调峰能力，促进热发电与其他可再生能源发电融合发展

积极推动太阳能热发电项目建设，进一步实践太阳能热发电与其他可再生能源发电联合运行，探索太阳热发电在电力系统中调峰、调频、储能的作用，支持高比例新能源送出基地建设，促进太阳能热发电与其他可再生能源发电融合发展。

推动集中式太阳能发电规模化发展，分布式太阳能发电多元化发展

推动建设一批以太阳能发电与沙漠治理、采煤沉陷区治理、复垦区治理等生态修复治理相结合的太阳能发电基地，实现能源建设和环境治理双赢发展。 在全面平价的基础上积极探索林光、农光、牧光等多元化分布式开发模式。

5 常规水电及抽水蓄能

5.1 发展基础

我国水能资源技术可开发量为 6.87 亿 kW，年发电量约 3 万亿 kW·h，位居世界首位。 根据 2003 年全国水能资源复查成果，内蒙古自治区水能资源技术可开发装机容量 262.45 万 kW，年发电量 73.45 亿 kW·h。 随着全自治区风电、太阳能发电等非水可再生能源的快速发展，水电作用主要体现在容量支撑、系统调节，助力可再生能源高质量发展。 在全自治区常规水电资源体量总体有限的条件下，抽水蓄能发展稳步推进。

2009 年以来，国家能源局组织水电水利规划设计总院、国家电网公司、南方电网公司和有关省（自治区、直辖市）发展改革委（能源局）等单位开展全国性抽水蓄能电站选点规划工作。 2012 年 10 月，国家能源局以"国能新能〔2012〕335 号"文件正式批复了内蒙古自治区抽水蓄能电站选点规划，确定芝瑞（120 万 kW）、美岱（120 万 kW）、乌海（120 万 kW）为内蒙古自治区 2020 年新增抽水蓄能电站推荐站点，牙克石、索伦和锡林浩特作为后备抽水蓄能站点。

5.2 发展现状

截至 2020 年，全国水电装机容量 37016 万 kW，其中常规水电 33867 万 kW，抽水蓄能电站 3149 万 kW；内蒙古自治区已建投产常规水电约 118 万 kW（不含 6000kW 以下水电），抽水蓄能电站 120 万 kW，在全国的占比分别为 0.35% 和 3.81%。 2020 年全自治区内未新增开工和投产大中型水电工程，全自治区水电资源开发程度近半，技术经济条件较好的水能资源基本得到充分利用。

2020 年内蒙古自治区常规水电总装机规模与 2019 年基本持平，主要分布在黄河、辽河、松花江、海河等流域

（1）鄂尔多斯市水电装机容量 76 万 kW，位居全自治区首位，包括黄河万家寨水利枢纽 54 万 kW 和龙口水电站 22 万 kW。

（2）呼伦贝尔市水电装机容量 25.75 万 kW，位居全自治区第二位，包括嫩江尼尔基水利水电工程 25 万 kW 和红花尔基水电站 0.75 万 kW。

（3）乌海市水电装机容量 9 万 kW，即海勃湾黄河水利枢纽水电站。

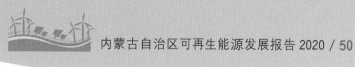
（4）巴彦淖尔市水电装机容量 2.913 万 kW，包括磴口水电站 1.863 万 kW 和临河二闸水电站 1.05 万 kW。

（5）兴安盟水电装机容量 2.41 万 kW，包括察尔森水电站 1.36 万 kW 和绰勒水电站 1.05 万 kW。

（6）赤峰市水电装机容量 2.072 万 kW，包括红山水电站 0.872 万 kW、龙口水电站 0.6 万 kW 和大石门水电站 0.6 万 kW。

在抽水蓄能方面，已建投产抽水蓄能电站持续发挥作用，在建项目保障工程进度稳步推进，前期工作项目顺利有序开展

（1）已建呼和浩特抽水蓄能电站（120 万 kW）服务于蒙西电网，在电力系统调峰填谷、调频调相、事故备用，助力新能源消纳等方面发挥重要作用。

（2）在建芝瑞抽水蓄能电站项目（120 万 kW），自 2017 年核准开工以来，一直高度重视工程质量和安全。2020 年可再生能源发电工程质量监督站专家组进行了随机抽查质量监督。经现场检查和资料查阅，参建各方质量管理体系已建立并运行情况良好；现场各施工、加工区域规范有序；所检测原材料和工程实体质量满足设计和规范要求。

（3）乌海抽水蓄能电站于 2020 年 8 月召开预可行性研究报告审查会议。经现场查勘和会议讨论，认为工作内容和深度基本满足预可行性研究阶段工作要求。乌海抽水蓄能电站供电范围为内蒙古电网，目前主要服务于蒙西电网，设计水平年采用 2030 年。初选电站装机容量 120 万 kW，初拟电站额定水头 405m。工程为一等大（1）型工程，上水库采用沥青混凝土面板堆石坝，下水库采用混凝土重力坝作为本阶段代表性坝型。

5.3 投资动态

根据内蒙古自治区水电相关大中型工程前期工作和工程进展情况，水电相关投资主要集中在抽水蓄能电站方面。

在建工程芝瑞抽水蓄能电站，截至 2020 年年底，累计完成投资 9.72 亿元，其中，2020 年完成投资 3.76 亿元。

根据乌海抽水蓄能电站预可行性研究成果，按照 2020 年第二季度价

格水平，工程静态总投资（不含送出工程投资）为64.2亿元，考虑价差预备费、建设期利息，工程总投资为77.8亿元

5.4　建设管理

　　经过多年的工程经验总结，常规水电及抽水蓄能电站建设已形成系统化管理。针对在建重点工程芝瑞抽水蓄能电站，2020年8月，可再生能源发电工程质量监督站开展了工程随机抽查质量监督。截至2020年7月31日，进厂交通洞累计完成473m洞身开挖支护，占总量的32.3%；通风兼安全洞累计完成179m洞身开挖支护，占总量的13%。泄洪排沙洞进口边坡土石方开挖完成。经现场监督检查复核，质量监督意见整改落实整体较好。为了对芝瑞抽水蓄能电站的引水隧洞上平段衬砌型式、上水库坝基深层抗滑稳定问题进行深入研究，受内蒙古赤峰抽水蓄能有限公司委托，中国水利水电建设工程咨询有限公司于2020年8月下旬主持召开专题咨询会议。经召集建设单位、设计单位、监理单位及相关科研机构现场查勘和会议讨论，咨询意见总体认为，引水隧洞上平段大部分洞段以Ⅴ类围岩为主，采用钢衬设计方案是合适的。上水库坝基分布有缓倾的凝灰质角砾岩软弱岩层，经过深入研究，坝基深层抗滑稳定满足要求。工程建设有序推进。

5.5　运行监测

　　截至2020年，全自治区水电（含抽水蓄能）装机容量242万kW。其中，6000kW及以上电力装机容量238.15万kW，占全部电力装机容量的1.6%。常规水电118.15万kW（不含6000kW以下水电），抽水蓄能电站120万kW，6000kW以上水电装机规模与2019年持平。

　　2020年，全自治区水电年发电量57.2亿kW·h，比2019年同期下降1.2%；水电发电量约占全年总发电量的1.0%，总体体量较小。2020年，全自治区水电平均利用小时数2403h，比2019年同期减少21h。其中，抽水蓄能电站上网电量11.02亿kW·h，比2019年增加33%；抽水蓄能全年利用小时数924h，比2019年增加230小时。抽水蓄能电站在促进新能源消纳和电网安全稳定运行方面发挥的作用日益显著。

5.6 技术进步

2020 年，我国水电装机容量已达到 37016 万 kW，新增水电装机 1323 万 kW，水电年发电量 13552 亿 kW·h，同比增长 4.1%，持续位居全球首位。水电工程技术水平处于世界先进水平，已形成规划、设计、施工、装备制造、运行维护全产业链整合能力。在抽水蓄能电站技术水平方面，设计施工、设备制造等自主创新研发能力不断提升。内蒙古自治区抽水蓄能电站在建设施工、设备制造等方面均采用先进技术。

5.7 发展方向

服务于新能源发展需求，致力于提高电力系统调节能力

按照 2030 年前碳达峰、2060 年前碳中和的目标愿景，以及 2030 年全国风电、太阳能发电总装机容量达到 12 亿 kW 以上的任务要求，内蒙古自治区依托区内风能、太阳能资源优势，具备巨大的发展潜力。水电和抽水蓄能的基本定位在于促进风电、太阳能发电等新能源发展，利用自身清洁可再生、调蓄性强的特点，一是平抑新能源发电出力的波动性和不稳定性，在一定程度上缓解间歇性可再生能源大规模并网压力；二是在电力系统中发挥调节作用，进行调峰填谷、调频调相、事故备用等，保障电网安全稳定运行。

推进抽水蓄能电站重大工程建设，助力区域可再生能源发展

在"十四五"期间，重点推动区内抽水蓄能电站建设，服务于区内经济社会发展需求、新能源集约式规模化开发、电力系统运行要求。推动芝瑞等抽水蓄能电站高质量建设，推进乌海、美岱等项目前期工作有序高效开展，继续谋划丰镇等抽水蓄能选址，做好资源储备。根据《国家能源局综合司关于开展全国新一轮抽水蓄能中长期规划编制工作的通知》（国能综通新能〔2020〕138 号），面向 2035 年电力系统需求，策划开展内蒙古自治区抽水蓄能中长期规划工作。

6 生物质能

6.1 资源概况

内蒙古自治区生物质资源较为丰富，可供利用的包括农作物秸秆、林业剩余物、畜禽粪便、生活垃圾和有机加工剩余物等，各盟（市）可能源化利用的生物质资源总量相当于约 1657 万 t 标准煤。其中，农作物秸秆 1779 万 t，折合标准煤约 889 万 t；畜禽粪便 2773 万 t，按制沼气利用折合标准煤约 107 万 t；林业剩余物 980 万 t，折合标准煤约 628 万 t；生活垃圾焚烧发电折合标准煤约 18 万 t；有机加工剩余物、有机废水等折合标准煤约 15 万 t。内蒙古自治区可能源化利用的生物质资源基本情况如图 6.1 所示。

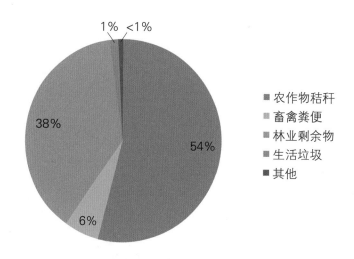

图 6.1　内蒙古自治区可能源化利用的生物质资源基本情况

6.2 发展现状

发展不及规划预期，可开发潜力大

（1）生物质发电快速增长。截至 2020 年年底，全自治区生物质发电累计并网装机容量 31 万 kW，较 2019 年增长 41%（见图 6.2），但整体装机容量不及"十三五"规划预期。其中农林生物质发电 21.6 万 kW，较 2019 年增长 7.8 万 kW；生活垃圾焚烧发电 9.3 万 kW，较 2019 年增长 3.6 万 kW；沼气发电 0.13 万 kW，与 2019 年持平。生物质能累积发电量折合标准煤约 13.8 万 t。

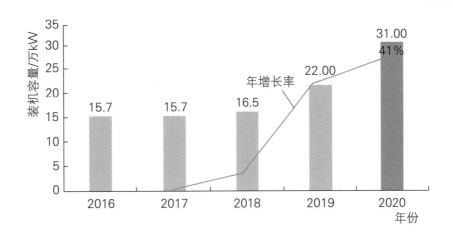

图 6.2　2016—2020 年内蒙古自治区生物质发电累计并网装机容量

（2）生物天然气发展刚刚起步。内蒙古自治区已投入运行的生物质制气项目仅 1 处，在赤峰市阿鲁科尔沁旗，总产气规模达到 1000 万 m³/年，年产气总量折合标准煤约 1.3 万 t。另有 3 个项目核准在建，其中呼和浩特市 1 处，年产气规模 1100 万 m³；通辽市 2 处，年产气规模 1480 万 m³。核准在建项目累计产气潜力 2580 万 m³，折合标准煤约 3.35 万 t。

（3）热电联产是目前主要的生物质供热方式。内蒙古自治区利用生物质热电联产项目，实现 258 万 m² 的清洁取暖，工业供热 104 万 GJ，折合标准煤约 9.2 万 t。

综上所述，内蒙古自治区累积每年利用生物质资源折合标准煤约 24.3 万 t，相比资源总量还具有很大的开发潜力。内蒙古自治区生物质资源利用基本情况如图 6.3 所示。

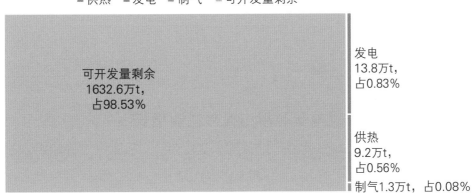

图 6.3　内蒙古自治区生物质资源利用基本情况（按折合标准煤计）

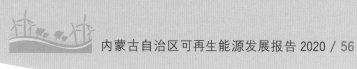

6.3 前期管理

规划引导生物质发电推进

2018 年 10 月，内蒙古自治区能源局修订《内蒙古自治区生物质发电"十三五"规划（修订稿）》，规划了 2019 年和 2020 年两年的生物质发电项目，包括农林生物质发电、生活垃圾焚烧发电和沼气发电项目。 规划到 2020 年年底，全自治区建成投产的生物质发电项目规模达到 45 万 kW 以上，其中农林生物质发电项目 36 万 kW、生活垃圾焚烧发电项目 9 万 kW、沼气发电项目 0.6 万 kW。

生物天然气发展与环保紧密结合

2017 年，内蒙古自治区政府印发了《畜禽粪污资源化利用工作方案（2017—2020 年）》，鼓励通过生物天然气（或沼气）项目对畜禽养殖粪污集中处理利用。 2018 年，内蒙古自治区住房和城乡建设厅印发《关于生物天然气接入城市管网有关事宜的通知》（内建管〔2018〕335 号），明确支持符合入网技术标准的生物天然气接入城市管网，保障消纳。 2016—2020 年中央和自治区共安排资金 15.9 亿元，在全自治区 57 个旗（县）实施畜禽粪污资源化整旗（县）推进项目。

生物质供热在冬季清洁供暖方面发挥重要作用

2018 年 8 月，内蒙古自治区发展改革委、财政厅等 9 部门印发《内蒙古自治区冬季清洁取暖实施方案》（内发改能源字〔2018〕1080 号），确立了生物质能作为重要的供暖方式，通过热电联产、固体成型燃料 + 专用锅炉的形式，与多种清洁取暖方式并用；明确内蒙古自治区 2019 年清洁取暖率 50% 的目标，到 2021 年将达到 70%。

6.4 运行消纳

生物质发电年利用小时数快速增长

2015—2020 年中国生物质发电年平均利用小时数均保持在 5000h 以上，2020 年平均利用小时数约 5151h。 2020 年内蒙古自治区生物质发电全年平均利用小时数增长较快，主要是垃圾焚烧发电利用小时数增幅较大，农林生物质发电利用小时数与往年基本持平。 其中，农林生物质发电年平均利用小时数 4249h，是近 5 年最低值；垃圾焚烧发电年平均利用小时数 4359h，较 2019 年增长 21.1%，保持了较快增长。 2016—2020 年内蒙古自治区生物质发电年平均利用小时数如图 6.4 所示。

图 6.4　2016—2020 年内蒙古自治区生物质发电年平均利用小时数

6.5　技术进步

生物质热电联产仍是未来主要的利用方式

（1）内蒙古自治区生物质资源主要集中在农作物秸秆和林业剩余物，热电联产在保障电力稳定供应的同时可以满足区域用热需求，资源利用率较高，经济性更好。

（2）内蒙古自治区生活垃圾处理方式仍旧以卫生填埋为主，随着环保要求的逐渐升级，生活垃圾焚烧处理的需求会更加紧迫，在电力规划时要预留消纳空间。

非电利用是生物质能未来的发展方向

（1）从目前国内电力生产来看，产能与需求不匹配，电力市场趋于饱和。

（2）从发电体量上来看，相比风力发电、太阳能发电，生物质能发电规模相对小得多，发电成本居高，能源市场竞争力不足。

（3）生物质能在我国的开发利用更多是因为其具有良好的环保效益，就资源本身特点来讲，开发与利用的方式是多元化的。

目前国内在生物质能的开发利用上，制气、供热等形式普遍较弱，随

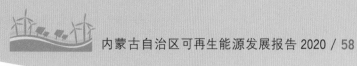

着新能源发电的逐步平价，生物质能的非电利用方式将成为未来的发展方向。

多元化利用和分布式开发是生物质能发展的主要特点

生物质资源形式多样，根据各种资源特点的不同应做到宜电则电、宜气则气、宜热则热的多元化利用模式。 生物质资源同时具有分布范围广、相对分散的特点，从合理竞争和原料保障的角度来看，应当统筹协调、合理布局存在原料交叉的项目，分布式开发是基本原则。

环保是生物质能利用的基本属性

我国是农业大国，同时人口众多，本着"不与人争粮、不与畜争饲"的原则，生物质能的开发利用都是选择农业生产和人们日常生活所产生的"废弃物"，承担着重要的环保责任。 多数项目在将原料转化利用的同时，会相伴仍有利用价值的副产物产生，如生物天然气（沼气）项目产生的有机肥，热解项目产生的有机碳等，在土壤改良、治理方面都具有很高的利用价值。 因此生物质能利用既是能源项目同时也是环保项目。

6.6　发展趋势及特点

生物质供热为碳减排做出积极贡献

截至 2020 年内蒙古自治区农林生物质热电联产项目装机容量占全部发电装机容量的 76％，占比较高。 生物质能热电联产，实现了能源的综合利用，相比纯发电项目具有更好的经济性，提高了生物质资源的利用率。 供热面积 258 万 m^2，按照人均住房面积 80m^2，一户 3 人计算，解决了约 10 万户居民的冬季取暖问题。 根据北方地区清洁取暖每平方米 22kg 标准煤计算，生物质能供暖和工业供热共替代标准煤约 9.2 万 t。

6.7　发展建议

立足环保，合理规划布局生物质发电项目

以规划为依据，以满足地方环保需求为出发点，稳步扩大垃圾焚烧发电规模以满足生活垃圾处理要求。 在集中村、新兴小城镇、建成镇、市周边合理布局农林生物质热电联产项目,持续做好北方地区清洁取暖推进工作。保障生物质发电项目年平均利用小时数合理提升。

提高生物天然气生产规模

按照国家发展改革委、国家能源局等十部委印发的《关于促进生物天然气产业化发展的指导意见》(发改能源规〔2019〕1895号)相关要求,开展资源调查,统筹内蒙古自治区城乡各类有机废弃物资源,在有条件的地区以旗、县为单位围绕生物天然气产业发展,统筹项目规模与布局,以单个日产1万~3万 m³ 项目为重点整县推进,满足工业化各项要求。规范标准化养殖,完善粪便收集与转运,支持第三方专业化有偿处理模式,建立覆盖城乡的原料收集保障体系;推动生物天然气接入城镇供气管网,创新商业模式引导消纳,建立生物天然气多元化消费体系;建立工业化有机肥生产消费体系,合理配套有机农田,促进农业生产提质增效。快速提升生物天然气生产规模,增强市场信心,加强组织协调,完善和落实支持、优惠政策,推动生物天然气产业化发展,带动产业就业。

统筹生物质能发展,完善财政、环保支持政策

充分做好地区生物质资源调查统计工作,合理制定各类项目发展的中长期规划。完善配套政策,创新财政激励办法,合理区分燃煤发电与生物质热电联产排放标准要求,提升项目经济性,推动产业技术进步。

深入推动生物质能供热领域发展

(1)发展生物天然气、生物质直燃(或热电联产)的集中供热模式,扩大清洁供暖比例,有效减少煤炭消费。

(2)发展生物质成型燃料,推广生物质成型燃料专用采暖锅炉的使用,引入专业设备制造企业,打造完整产业链,加大研发投入,提高生产效率,切实降低使用成本,解决散居村民和牧民冬季取暖需要,有效替代散煤。

7 地热能

7.1 资源概况

浅层地热资源丰富，分布广泛

内蒙古自治区浅层地热能资源主要分布在河套平原、西辽河平原、阿拉善高原、鄂尔多斯高原和内蒙古北部高原，开发利用适宜和较适宜区总面积为 67.9 万 km^2，占全自治区国土总面积的 58%，容量 $22.03 \times 10^{16} kJ/℃$，可利用资源总换热功率冬季为 $223.92 \times 10^8 kW$、夏季为 $999.08 \times 10^8 kW$。

中深层地热资源丰富，分布相对集中

水热型地热包括隆起山地型和沉积盆型，一般埋藏深度 200～3000m。隆起山地型地热田分布于大兴安岭山地、阴山山地及山前倾斜平原的阿尔山、宁城县热水镇、克什克腾旗热水塘、敖汉旗热水汤及凉城县中水塘等 5 处，其分布严格受地质构造特别是巨型扭动构造体系控制，地热田规模较小，地热资源埋藏浅，资源量较小，总体研究程度较高，热储量 $4.10 \times 10^{14} kJ$，流体可开采量 $22.7 \times 10^5 m^3$/年，可开采热量 $4.60 \times 10^{11} kJ$/年，适合温泉疗养。沉积盆地型地热田主要分布于由呼包平原、临河盆地、鄂尔多斯盆地、乌海盆地组成的环鄂尔多斯盆地群，盆地规模大，热储层分布稳定，是内蒙古自治区地热资源富集区，其规模均为中型至特大型地热田。其中呼包平原、临河盆地热储分布面积 2.5 万 km^2，热储量 $6.58 \times 10^{17} kJ$，可开采量 $1.65 \times 10^{17} kJ$，流体可开采量 627 亿 m^3，流体可采热量 $1.16 \times 10^{16} kJ$，是我国少有的特大型地热田。西辽河盆地、海拉尔盆地群、二连盆地群及银额盆地均由一系列小的盆地构成，地热储层受盆地构造严格控制，稳定程度较差，所形成的地热田规模相对较小。

深层地热资源勘查尚未开展

内蒙古自治区埋藏 3000m 以下、温度大于 150℃ 的深层干热岩（高温岩体）勘查开发工作尚未开展，资源状况不清。据石油勘探成果显示，苏尼特右旗赛汉地区、阿巴嘎地区、阿尔山地区、宁城地区存在干热岩异常区，总计面积 70.18km²。

7.2 发展现状

浅层地热开发利用情况

截至 2020 年年底，全自治区以供暖（制冷）为主要利用方式。 浅层地热开发利用总面积约 650 万 m^2，实现传统化石能源替代 29.8 万 t，二氧化碳减排量 22.5 万 t。 但是浅层地热规模的年均增长速度较慢。

中深层水热型地热开发利用情况

目前，隆起山地型地热资源已得到开发利用。 阿尔山温泉、克什克腾旗热水塘温泉、宁城县热水温泉、敖汉温泉及凉城岱海温泉均以康养、洗浴、度假旅游方式进行了开发利用。 日接待能力超过 15000 人次，供暖面积 100 万 m^2。 地热资源实际开采量 4.6×10^{11} kJ/年，可替代常规化石能源（以标准煤计）2.6 万 t/年，减少二氧化碳气体排放量 6.2 万 t/年、减少二氧化硫气体的排放量 443.9t/年，减少氮氧化物排放量 156.7t/年。

全自治区沉积盆地型地热资源开发利用局限于呼和浩特市赛罕区、土默特左旗和鄂尔多斯是杭锦旗，利用石油勘探井、地热勘查井开展旅游度假等开发。 截至 2020 年，呼包平原、临河盆地、鄂尔多斯盆地在地热地质勘查工作中施工的地热勘查井及企业、个人投资施工的地热开采井共 30 余眼，大部分具备开发利用条件，但后续引导、跟进滞后，开发利用亟待提高。

呼和浩特市目前已打巧什营区域地热井深度 1818m，出水温度 56℃；西营区域地热井深度 1835m，出水温度 63℃。 由于井深较深，供暖成本需进一步测算。

7.3 前期管理

内蒙古自治区幅员辽阔，地热资源丰富，分布广泛。 为加快推动全自治区地热能开发利用工作，2020 年 5 月，内蒙古自治区能源局适时启动了地热能开发利用课题的研究工作。

内蒙古自治区地热能开发利用研究的总体目标是：总结"十三五"期间内蒙古自治区地热能产业发展情况，对地热资源进一步评估，对地热供暖开展技术经济评价，研究提出"十四五"期间内蒙古自治区地热能发展的目标、提出重点开发地区和重大项目布局，以及保障措施建议等，为能源主管部门决策、制定颁布地热能"十四五"发展规划提供参考。

结合 2030 年碳达峰、2060 年碳中和的能源大背景，内蒙古自治区地热产业处于大有可为的战略机遇期。深入开展地热能开发利用研究工作，将有利于加强全自治区地热资源勘查、开发利用的宏观调控，提高地热资源勘查、开发利用的管理水平，为依法审批、监督和管理地热资源提供科学依据，全面实现内蒙古自治区地热能的可持续合理开发利用。同时，地热能开发利用研究也是加强大气污染环境治理，优化能源消费结构，加快化石能源替代进程，促进内蒙古自治区生态文明、经济社会健康可持续发展的重要手段，具有重要的指导和现实意义。

7.4 发展特点

地热能开发利用处于市场起步阶段

2020 年，内蒙古自治区地热能开发利用初见成效。但与全国其他省级行政区相比，开发利用规模偏小，年均增速较低，全自治区地热能开发利用仍处于市场起步阶段。

地热能开发"深浅并举"，多元化利用

内蒙古自治区在地热资源利用方面，呈现出"深浅并举"、多元化利用的发展布局。浅层地热供暖（制冷）在呼和浩特市等部分地区初具规模。中深层隆起山地型地热资源已得到充分开发利用；在呼和浩特市、杭锦旗和土默特左旗重点地热项目开发建设的基础上，中深层沉积盆地型地热开发利用亟待提高。

7.5 发展趋势

浅层地热资源潜力巨大，开发前景广阔

内蒙古自治区 12 个盟（市）公署（人民政府）所在地城镇规划区浅层地热能开发利用适宜和较适宜区总面积为 2160.78km²，占城镇规划区总面积的 57%，容量为 10.99×10^{14} kJ/℃，折合标准煤 9782.29 万 t，冬季可供暖面积 21.34 亿 m²，夏季可制冷面积 35.07 亿 m²。其中呼和浩特市、包头市和巴彦淖尔市临河区 3 个主要城区浅层地热能容量为 7.16 ×

10^{14} kJ/℃，折合标准煤 8546. 69 万 t，冬季可供暖总面积为 14. 67 亿 m²，夏季可制冷总面积为 23. 61 亿 m²。 浅层地热资源潜力巨大，开发前景广阔。

中深层地热能多领域应用趋势明显

因地制宜，充分发挥资源优势，科学推进中深层地热能在供暖、康养、旅游、种植养殖方面的开发利用，推广梯级利用和地热回灌技术，提高资源综合利用率。

根据资源禀赋，制定合理的开发强度指标，按照"集中式与分散式相结合"的方式，优先推进地热供暖，兼顾康养、旅游、种植养殖。 在经济较发达、环境约束较高的呼包鄂城市群，将中深层水热型地热供暖纳入城镇基础设施建设，因地制宜，科学开发，绿色发展，促进呼包鄂城市群地热能集聚发展。 其他地区根据资源条件特色发展。 充分发挥隆起山地型地热资源供暖及旅游价值。

7. 6　发展方向

提高地热能发展战略认识定位，加大支持力度，使地热能成为内蒙古自治区可再生能源发展的助推器

进一步明晰地热能发展方向、路线、属性和环境影响等方面的认知，提高地热能在内蒙古自治区可再生能源发展的战略定位。 加大支持力度，协同有关部门加大财政扶持，继续通过现行渠道支持地热工作。 研究制定出台地热供暖项目投资专项财政支持政策，加强部门协调，促进投资专项财政支持政策早日出台。 使地热能成为内蒙古自治区"十四五"可再生能源发展的助推器。

建立地热产业政策的系统性支持体系

针对当前地热产业实际状况和管理体制不顺的问题，为引导地热产业健康快速发展，把地热能开发利用纳入法制化、制度化轨道，建立完善地热行业管理制度，积极指导推动内蒙古自治区各部门、地方各级政府及不同行业之间地热产业政策的系统性支持体系建设。 同时，充分发挥地热能在"能源结构优化"和"能源总量强度双控"这两个能源转型主要方面的重要作用。

推动地热重点项目和高质量发展示范区建设

建议根据内蒙古自治区能源局推进地热工作的具体部署，推动地热能规范有序发展。 通过总量控制、政策支持、动态监管和定期评估，开展地热重点项目和高质量发展示范区建设，明确主要目标任务，以示范引领、以点带面的方式带动地热产业规模化发展。

加强地热产业全过程管理

建立健全地热产业各项管理制度和技术标准。 出台地热资源开发利用管理办法，依法行政、规范管理。 加强地热资源开发利用方案的审查、竣工验收、运行等环节的管理，加强地热资源开采过程中动态监测、地质环境监测、尾水回灌与排放、信息化建设情况的监管，约束引导市场开发主体实现资源效益、生态效益双赢目标。

8 政策要点

8.1 综合类政策

（1）为深入贯彻落实党中央、国务院"放管服"改革决策部署，对取消和下放行政审批事项进一步加强后续监管，2020年3月国家能源局印发了《关于对取消和下放行政审批事项加强后续监管的指导意见（2020年版）的通知》（国能发法改〔2020〕42号），提出了依法监管、协同监管、闭环监管、公平公正、分级分类、有效监管、科学高效的基本原则，明确监管任务，确保监管到位，完善监管措施，提升监管效能，健全约束机制，依法实施监管，加强组织领导，提高保障能力。

（2）2020年3月，内蒙古自治区能源局发布《2020年工作计划》，提出加快新能源基地建设，扎实推进绿色生产，研究引导草原核心区风电退出办法，开展绿色风电场试点，深入推进结构性去产能，研究10年以上风电项目退出机制等计划。

（3）2020年5月，国家能源局综合司发布了《关于建立健全清洁能源消纳长效机制的指导意见》（征求意见稿）的公告，提出了构建以消纳为核心的清洁能源发展机制、加快形成有利于清洁能源消纳的电力市场机制、全面提升电力系统调节能力、着力推动清洁能源消纳模式创新、构建清洁能源消纳闭环监管体系等指导意见。

（4）2020年5月，国家发展改革委、国家能源局印发了《各省级行政区域2020年可再生能源电力消纳责任权重的通知》（发改能〔2020〕767号），统筹提出了各省级行政区域2020年可再生能源电力消费责任权重，计划2020年9月组织开展全国可再生电力消纳责任权重执行情况评估。

（5）2020年6月国家发展改革委、国家能源局印发了《关于做好2020年能源安全保障工作的指导意见》（发改运行〔2020〕900号），提出了大力提高能源生产供应能力、积极推进能源通道建设、着力增强能源储备能力、加强能源需求管理等指导意见及保障措施。内蒙古自治区能源局转发了该意见。

（6）国务院新闻办公室于12月21日发布了《新时代的中国能源发展》白皮书。白皮书中指出：中国坚定不移推进能源革命，能源生产和利用方式发生重大变革，能源发展取得历史性成就。面对气候变化、环

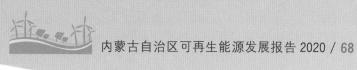

境风险挑战、能源资源约束等日益严峻的全球问题，中国树立人类命运共同体理念，促进经济社会发展全面绿色转型，在努力推动中国能源清洁低碳发展的同时，积极参与全球能源治理，与各国一道寻求加快推进全球能源可持续发展新道路。

8.2　新能源类政策

（1）为促进非水可再生能源发电健康稳定发展，2020 年 1 月，财政部、国家发展改革委、国家能源局印发了《关于促进非水可再生能源发电健康发展的若干意见》（财建〔2020〕4 号），对完善现行补贴方式、完善市场配置资源和补贴退坡机制、优化补贴兑付流程、加强组织管理等方面提出建议。2020 年 9 月，财政部、国家发展改革委、国家能源局印发了《关于促进非水可再生能源发电健康发展的若干意见》有关事项的补充通知（财建〔2020〕426 号），明确了可再生能源电价附加补助资金（以下简称补贴资金）结算规则。

（2）2020 年 3 月国家能源局印发了《关于 2020 年风电、光伏发电项目建设有关事项的通知》（国能发能源〔2020〕17 号），对开展平价上网项目建设、需国家财政补贴项目建设、分散式风电项目建设、海上风电项目建设、全面落实电力送出消纳条件、严格项目开发建设信息监测、认真落实放管服改革等方面进行规范。内蒙古自治区能源局转发了该通知。

（3）为进一步做好风电、光伏发电项目开发建设信息监测工作，2020 年 3 月国家可再生能源信息管理中心印发了《关于加强风电、光伏发电项目开发建设信息监测有关工作的通知》（再生能信息函〔2020〕2 号），对风电、光伏发电项目信息监测主要内容及落实监测机制等方面作出要求。

（4）为引导风电、光伏发电企业理性投资，推动建设运营环境不断优化，促进产业持续高质量发展，2020 年 3 月国家能源局发布了《2020 年度风电投资监测预警结果》和《2019 年度光伏发电市场环境监测评价结果》（国能发能源〔2020〕24 号），将各省（自治区、直辖市）2020 年度风电投资监测预警结果和 2019 年度光伏发电市场环境监测评价结果予以公布。根据《2020 年度风电投资监测预警结果》，内蒙古自治区蒙东地区除赤峰为橙色外其余地区为绿色，蒙西地区为橙色。根据《2019 年度光伏发电市场环境监测评价结果》内蒙古自治区蒙东地区、蒙西地区均为绿色。

（5）为充分发挥市场机制作用，引导光伏发电行业合理投资，推动光伏发电产业健康有序发展，2020 年 3 月国家发展改革委发布了《关于 2020 年光伏发电上网电价政策有关事项的通知》（发改价格〔2020〕511 号），对集中式光伏发电、商业分布式光伏发电、户用分布式光伏发电、村级光伏扶贫电站（含联村电站）的上网电价进行了规定。

（6）2020 年 7 月国家发展改革委办公厅、国家能源局综合司印发了《关于公布 2020 年风电、光伏发电平价上网项目的通知》（发改办能源〔2020〕588 号），公布了 2020 年风电平价上网项目装机规模 1139.67 万 kW、光伏发电平价上网项目装机规模 3305.06 万 kW。其中内蒙古自治区 2020 年风电、光伏无平价上网项目。

（7）为进一步加强风电、光伏发电建设管理，推动内蒙古自治区可再生能源高质量发展，经内蒙古自治区人民政府同意，2020 年 7 月内蒙古自治区能源局印发了《关于进一步加强全区风电、光伏发电项目建设管理的通知》（内能新能字〔2020〕140 号），对规划管理、审批管理、建设管理、签约管理等方面进行了规范。

（8）2020 年 7 月国家能源局综合司公布了 2020 年光伏发电项目国家补贴竞价结果。内蒙古自治区共有 11 个 140 万 kW 普通光伏发电项目拟纳入 2020 年国家竞价补贴范围，申报电价几乎和当地脱硫标杆电价相同。其中蒙西 6 个项目 80 万 kW，申报补贴电价 5 个为 0.2830 元/（kW·h），1 个为 0.2853 元/（kW·h）；蒙东 5 个项目 60 万 kW，补贴电价为 0.3036～0.3238 元/（kW·h）。

（9）2020 年 10 月，内蒙古自治区能源局发布了《关于开展"火风光储制研一体化"示范有关事项的复函》（内能电力函〔2020〕558 号），明确通辽市"火风光储制研一体化"示范项目新建 170 万 kW 风电、30 万 kW 光伏，同步配套建设 32 万 kW/96 万 kW·h 储能。

（10）2020 年 10 月，内蒙古自治区能源局发布了《关于开展"源网荷储一体化"示范有关事项的复函》（内能电力函〔2020〕559 号），明确了乌兰察布市"源网荷储一体化"示范项目共新建 280 万 kW 风电、30 万 kW 光伏，同步配套建设 88 万 kW 储能。

8.3 天然气类政策

为加快储气基础设施建设，进一步提升储备能力，2020 年 4 月，国家发展改革委下发了《关于加快推进天然气储备能力建设的实施意见》（发改价格〔2020〕567 号），提出优化规划建设布局、建立完善标准体系、建立健全运营模式、完善投资回报渠道、深化体制机制改革、优化市场运行环境、加大政策支持力度、促进储气能力快速提升、落实主体责任、推动目标任务完成等实施意见。

9 今后热点研究方向

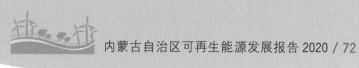

碳达峰先行示范工程研究

支持新能源技术集成、应用方式和体制机制等多层面的创新，推动可再生能源与终端用电、热、气的集成耦合，积极开展智慧绿电园区示范区建设，先行先试；结合地方用能需求，因地制宜，综合发展分布式光伏、分散式风电、生物质天然气、地热供暖等多种形式的新能源，发展一批以新能源为主的低碳小镇。为全面推动内蒙古自治区产业结构低碳转型、落实"碳达峰、碳中和"发展战略积累经验。

储能关键技术及应用发展趋势研究

结合内蒙古自治区新能源发展产业现状，研究新能源＋储能的创新模式开发思路及配套机制。综合考虑内蒙古自治区能源结构转型需求，分析储能在主要应用领域的发展趋势，以及对内蒙古自治区能源系统未来发展产生的影响，壮大绿色低碳产业体系，增强发展新动能。

分盟（市）消纳预警研究

为推进内蒙古自治区光伏产业规范有序发展，引导企业理性投资，避免因消纳送出原因造成大规模弃风弃光问题，结合全自治区各地区能源发展现状，研究分盟（市）消纳监测预警划定方案，对各盟（市）风电、光伏发电消纳形势由劣到优进行逐级分类，研究形成全自治区以盟（市）为单位的风电光伏消纳预警等级分类结果。

分布式能源发电市场化发展模式研究

分布式能源具有前期投资高、回收期长、收益不确定等特点，成熟的市场化发展模式是平价上网形势下发展分布式能源经济的重要引擎。结合内蒙古自治区交通、建筑、农畜牧业等发展现状，积极拓展分布式能源商业模式，优化分布式能源市场化交易营商环境，完善分布式能源发电相关政策研究。

抽水蓄能电站发展运营机制政策研究

结合内蒙古自治区已建抽水蓄能电站开发运营现状，分析抽水蓄能电站在内蒙古自治区发展趋势，开展抽水蓄能电站调度运行、运营管理和投资收益机制研究，提出相关政策建议。

清洁能源消纳问题研究

内蒙古自治区电网结构较为薄弱，目前主要从加强 500kV 的交流主干网架建设，改扩建多条 200kV 回路和供电网架；规划配套大型火电或新能源基地，建设多条特高压跨省跨区输电线路；依托各类工程和试点，加强当地配网设施，加强网架结构建设扩大可再生能源的消纳空间。结合内蒙古自治区资源情况及电网现状，研究提出内蒙古电力系统调节能力提升的思路和措施，探索风光储氢一体化、智能柔性负荷规模化消纳新能源等新型能源开发模式实施路径及配套政策研究。

新能源与氢能耦合技术及产业推广应用

按照发展壮大"绿电＋绿氢"能源的发展思路，开展新能源与氢能耦合技术及产业推广应用先行先试工程，促进氢制备、氢储运、加氢站、燃料电池及核心零部件、燃料电池整车等产业链初步形成，在总结试点和示范经验的基础上推广一批风光氢储与下游应用一体化工程，实现建链、补链、强链与扩链，打造国内重要的绿氢生产基地。

光热发电先进技术研究

为提高光热发电效率，降低光热发电成本，在太阳能资源评估、太阳岛系统设计、储换热系统、数字化智能型太阳能热发电站、新型太阳能光热发电系统等方面开展一系列研究工作，提升光热发电技术水平，降低投资成本。

可再生能源清洁供暖研究

结合内蒙古自治区地热资源优势，在新农村建设中，示范推动中深层地热供暖项目；在蒙东地区发展生物质热电联产项目，探索以农林生物质、生物质成型燃料等为燃料的生物质锅炉供热方式；开展清洁供暖配套风光电源一体化示范，探索源、网、荷互动平衡技术，提升需求侧响应能力，通过绿色电力供暖提高风光电力的就地消纳能力。

推进农村能源革命，助力乡村振兴

充分挖掘风能、太阳能、生物质、地热等绿色能源，把发展可再生能源项目与乡村振兴相结合。在电网基础建设薄弱且用电负荷分散度较高的偏远末端配电网区域，因地制宜推动分布式光伏和分散式风电开发，推广生物质碳化与固化及高效低排节能炉具，探索离网式新能源供电供热模式，提升偏远地区的供电可靠性。结合智慧农业、农业农村观光旅游、电动汽车下乡等新形势，推动乡村产业、农业生产和农村生活用能的清洁

化，开展智慧用能大棚、清洁取暖、绿色出行等智慧用能示范，形成清洁能源支持产业发展、产业发展助力乡村振兴的农村安居环境。

生物质能气化乡村试点研究

内蒙古自治区地广人稀，农村地区人员居住分散，为进一步助力中国早日实现碳中和，加大力度支持可再生能源在农村地区的发展。充分发挥生物质成型燃料储能和便于运输的优势，在农林剩余物丰富的蒙东地区，研究推动一批生物天然气产业化发展示范县建设，构建从原料收集、生物天然气生产、有机肥销售、可再生燃气消纳多环节一体的绿色燃气产业，充分利用城市燃气管网建设成果。

声　明

　　本报告内容未经许可，任何单位和个人不得以任何形式复制、转载。

　　本报告相关内容、数据及观点仅供参考，不构成投资等决策依据，水电水利规划设计总院、内蒙古自治区能源局不对因使用本报告内容导致的损失承担任何责任。

　　本报告中部分数据因四舍五入的原因，存在总计与分项合计不等的情况。

　　本报告部分数据及图片引自国家发展改革委员会、国家能源局、内蒙古电力行业协会等单位发布的数据，以及 2020 年全国电力工业统计快报、中国可再生能源发展报告 2020 等统计数据报告，在此一并致谢！